The Next Forty Years
THE SOLAR ENERGY
REVOLUTION

未来四十年
太阳能革命愿景

刘汉元　刘建生　著

经济日报出版社
THE ECONOMIC DAILY PRESS

图书在版编目（ＣＩＰ）数据

未来四十年：太阳能革命愿景 / 刘汉元，刘建生著
. -- 北京：经济日报出版社，2022.8
ISBN 978-7-5196-1149-1

Ⅰ．①未… Ⅱ．①刘… ②刘… Ⅲ．①太阳能－能源
发展－研究 Ⅳ．①TK511

中国版本图书馆CIP数据核字（2022）第146808号

未来四十年：太阳能革命愿景

著　　者	刘汉元　刘建生
责任编辑	胡子清
助理编辑	王　真
特约编辑	吴晓桐
责任校对	刘娇娇
出版发行	经济日报出版社
地　　址	北京市西城区白纸坊东街2号A座综合楼710（邮政编码：100054）
电　　话	010-63567684（总编室）
	010-63584556（财经编辑部）
	010-63567687（企业与企业家史编辑部）
	010-63567683（经济与管理学术编辑部）
	010-63538621 63567692（发行部）
网　　址	www.edpbook.com.cn
E－mail	edpbook@126.com
经　　销	全国新华书店
印　　刷	成都旭美印务有限公司
开　　本	710毫米×1000毫米　1/16
印　　张	23
字　　数	245千字
版　　次	2022年8月第1版
印　　次	2022年8月第1次印刷
书　　号	ISBN 978-7-5196-1149-1
定　　价	88.00元

目 录 CONTENTS

上 编
历史启迪未来：迎接太阳能革命

下 编
未来四十年：太阳能革命愿景

结　语
展望太阳能时代

序一
迎来太阳能革命发展新机遇

全国人大常委会原副委员长 陈至立

中国宣布力争2030年前实现碳达峰，2060年前实现碳中和，是党中央经过深思熟虑做出的重大战略决策，事关中华民族永续发展和构建人类命运共同体，彰显了大国责任与担当。

作为世界上最大的发展中国家，中国将用30年左右时间完成全球最高碳排放强度降幅，用全球历史上最短的时间实现从碳达峰到碳中和，难度可想而知。"实现这个目标，中国需要付出极其艰巨的努力。"考量今日中国的世界角色，习近平主席坚定表示，"我们认为，只要是对全人类有益的事情，中国就应该义不容辞地做，并且做好。"

一直以来，中国始终高度重视应对气候变化，实施积极应对气候变化国家战略，应对气候变化工作取得积极进展。2021年，中国单位GDP二氧化碳排放同比下降3.8%，比2005年下降50.3%，非化石能源消费比重达到16.6%，风电、光伏装机量、发电量均居世界首位，新能源汽车保有量占世界的一半，基本扭转了二氧化碳排放快速增长的局面。

实现碳达峰、碳中和是一场广泛而深刻的经济社会系统性变革，为落实"双碳"目标，中国成立了碳达峰碳中和工作领导小组，发布《关于完整准确全面贯彻新发展理念做好碳达峰碳中和工作的意见》和《2030年前碳达峰行动方案》，碳达峰碳中和"1+N"政策体系加快构建。各部门、地方、行业、企业和全社会正在投入这场经济社会系统性变革之中。

迈向碳中和，要坚持科学规划，全国上下一盘棋，从发展阶段、经济结构、产业形态等实际出发，制定好符合实际、科学可行的碳达峰、碳中和路线图和时间表。要突出重点，付诸行动，优化能源体系，倒逼电力、汽车、建筑等行业向绿色低碳方向转型，坚持创新驱动，充分发挥科技创新的支撑和保障作用。要坚定不移贯彻新发展理念，以能源绿色低碳发展为关键，加快形成节约资源和保护环境的产业结构、生产方式、生活方式，坚定不移走生态优先、绿色低碳的高质量发展道路，为实现"双碳"目标做出新的更大贡献。

绿色发展和能源革命是人类历史的大趋势，也是中国政府的一贯主张，还是推动"双碳"目标实现的战略措施。其中，光伏是能源革命主力军。在近五年中，光伏发展取得重大进展，成为全球关注的战略产业，而在以通威为代表的中国光伏企业共同努力下，中国已完成弯道超车，成为全球光伏产业发展的推动者和引领者。

如何认识、反映未来的能源革命与光伏发展是一个重要研究领域。在此问题上，通威集团董事局主席刘汉元与西南财经大学能源经济研究所所长刘建生率先在能源革命、太阳能革命、光伏发展的议题上进行了多年研究，出版了《能源革命：改变21世纪》和《重构大格局——能源革命：中国引领世界》两本专著，相关研究结果具有理论与实践上的价值意义。

即将出版的这本《未来四十年：太阳能革命愿景》，提出"太阳能革命"，并以此专论，成为本书的特色，这也是当前第一本"太阳能革命"的专论。书中展望太阳能革命将是未来能源革命的主要内容，其中光伏发展占据主导地位，而能源革命、太阳能革命将是推动"双碳"目标实现的重要抓手。太阳能革命、光伏发展是目前中国的产业优势，是中国发展的重大机遇。

此外，本书在太阳能资源量巨大和太阳能技术进步的前景下，展现了探索"太阳能革命"愿景的实际与研究意义，并结合实际案例和大量权威数据，对能源革命未来的发展前景进行了深度分析和积极探索，许多认识与观点具有启发意义。

　　未来四十年，中国以及世界能源发展与碳中和的发展愿景是人类探究的大课题，有各种学术观点与思想是值得提倡的，特别是基于能源革命深入发展可能出现的各种愿景进行深入、大胆的探索精神与路径研究是需要的。刘汉元与刘建生将各自的研究方向结合起来，形成了既有理论又有实践支撑的研究，使其更具有前瞻性、实践性。特别是在太阳能发展、光伏发展领域着力，既脚踏实地又有愿景展望，现实与理想结合，尤其值得肯定。

　　推进能源革命是国家的长远战略，也是世界能源事业发展的大趋势。光伏产业是全球能源科技和产业的重要发展方向，具有巨大发展潜力，发展光伏产业对推动能源结构优化升级，促进生态文明建设和绿色发展具有重要战略意义。未来发展，任重道远，希望中国光伏从业者勇担使命，续力奋斗，为中国以及全球碳中和的实现、为能源革命和全人类可持续发展做出积极贡献。

序二

十一届全国政协常委、全国人大代表　刘汉元
通威集团董事局主席

2020年9月22日，习近平主席在联合国大会上庄严宣布"中国2030年前实现碳达峰、2060年前实现碳中和"，向世界展现了中国积极应对气候变化的信心、雄心和决心，获得了欧盟及世界各国的高度赞誉。

这是一个新的历史开始，是全球共同合作，推动气候治理，共建人类命运共同体的开始，也是人类推动全球能源革命的新开始。人类需要在未来三十到四十年左右彻底解决气候问题的系统威胁，任重道远，需要凝聚全球各个国家的共同努力，特别是中国、欧洲、美国等主要碳排放国家的合作与共同行动。

在实现双碳目标的过程中，以光伏、风能为代表的可再生能源无疑是其中的主力军，推动全球能源转型加速实现，并且与系统解决气候问题深度融合，形成新的绿色发展。目前看来，这种希望有可能成为未来的现实，特别是

在光伏发展取得了历史性进展的背景下。过去十多年来，光伏发电成本下降了90%以上，成为全球最经济的发电方式。光伏项目的上网电价最低值不断被刷新，目前在阿布扎比已经实现了0.07元一度电，未来极有可能创造一个难以想象的新境界。这是能源革命的里程碑，也是走向新未来的新开始。这样一个极为美好、极富吸引力的未来值得我们所有人为之努力。

在这个特殊的历史背景下，我与建生所长再次达成高度共识，我们认为需要将这一特别的未来认真深化、认真展望，需要从未来三十到四十年的视角和立足中国、全球的视角，结合碳中和、能源革命，将太阳能的未来深度展开，这是一项特别有意义的工作。我与建生所长过去曾合作过两本书，我们从各自擅长的领域，将不同维度的认知、思考紧密结合，形成了统一的认识与思想，得出了富有建设性、前沿性的结果。建生所长长期致力于"物理经济学"与"能源革命"研究，他的许多观点与思想，我是高度认同的，他从能量、能源出发研究经济、研究历史、研究未来，是一种独辟蹊径的视角。在此我们是一致的，我们始终都认为能源革命是过去、现在、未来的动力与希望。

我们相识、相聚于能源革命这个大目标，共同完成了《能源革命：改变21世纪》、《重构大格局——能源革命：中国引领世界》两本书籍。今天，我们再次携手，共同深究能源革命向何处去，太阳能未来走多远，绿色世界如何实现，并如何将这一切汇入2050、2060年的愿景之中，汇入中国发展、世界发展的大潮之中。

《未来四十年：太阳能革命愿景》这本书是我们对能源革命深入发展的新认识，能源革命在过去几十年一直是能源界的方向与指导思想，太阳能革命是我们对未来能源革命更加具体、细化的认识。主要基于三个认识：第一，太阳能资源几乎是无限的，如果以现有光伏技术条件下进行转化，完全可以解决永续的能源提供，几乎能够满足人类的能源消费需求；第二，现有的光伏技术经历二十年左右的系统化、规模化发展，能够支撑对化石能源的替代，并且未来还可能有巨大发展空间；第三，人类在能源消费领域中一定会有更多、更美好的需求去实现，完全可能超出我们现在想象。这三个认识是提出"太阳能革命"的主要前提与依据。

"太阳能革命"愿景的时间尺度可以有两个。一是到2050年，经过三十年左右的努力，完成"太阳能革命"，基本与欧美等发达国家同步，这是值得中国去争取的。二是到2060年，经过四十年左右时间，完成"太阳能革命"，基本与中国实现碳中和的目标一致。

"太阳能革命"最终实现的能源消费水平，是完全可能突破现有发达国家的能源消费水平，甚至达到或超过美国、加拿大、挪威，实现高标准的能源消费水平。长江后浪推前浪，三四十年甚至更远的未来，人类一定是追求更加完美的生活，过去的历史充分表明，美好生活与能源消费紧密相关。人类在每一次能源革命、能源进步中都有能源消费的提升与发展，我们完全有理由相信未来人类一定在新的能源革命中，创造更美好的生活。

"太阳能革命"正在起步，也是一个不断发展的过程，还要解决并完善很多的问题，其中能源稳定性就是太阳能发展需要解决的重大技术与产业问题之一，发展相应的特殊储能技术、产业体系是一个关键问题。随着成本的不断降低，储能的大规模应用也将为平抑可再生能源波动提供坚实保障。其中，抽水蓄能是目前技术最成熟、经济性最优、最具大规模开发条件的储能方式，储能成本为0.21~0.25元/KWh，相较其他技术成本最低，电化学等其他储能成本也有望在"十四五"期间降低到0.2~0.3元/KWh。澳大利亚国立大学的研究显示，仅需我国潜在抽水蓄能电站容量的1%，即可支撑我国构建100%可再生能源的电力系统。

此外，电动汽车也具备成为储能终端的巨大潜力。随着电动汽车数量大幅增长，如能有效利用其大量闲置时间和冗余充放电次数，作为分布式储能单元接入系统，除运行时间以外，大部分时间在线，成为电网储能、微网储能、小区储能、家用储能的一部分，用电高峰时向电网反向售电，用电低谷时存储过剩电量，不但为电网稳定作出贡献，还能以市场化方式通过充放电价差获得相应收益，分摊购买整车或电池包的成本，实现电动汽车和电网的良性互动。据相关机构预测，到2050年我国汽车保有量将突破5亿辆，其中电动汽车占比超过90%。届时，如果我国日均用电量的20%~30%由电动汽车参与储能调节，电动汽车将可支撑我国电网二到四天的储能能力。

今天，在通威和行业同仁的共同推动下，中国光伏产业已经成为制造规模最大、产业链支撑最为完善、技术成本最领先，处于国际竞争第一梯队的制造产业。光伏，正在以前所未有的速度，推动中国制造、中国社会跑步向前发展。相信光伏产业自身的良性发展和政府部门的坚决落实，再加上良性的经济循环，能够让我国2030碳达峰、2060碳中和目标提前五到十年实现。同时，随着我国"风光"产业走向世界，不但大大加快了发达国家的能源转型速度，更为"一带一路"沿线及广大欠发达国家和地区提供了全新的发展路径，帮助他们跨过先污染后治理的老路，一步踏入可持续发展的快车道，对于全球能源转型、气候治理和全人类的意义重大。

序三

西南财经大学能源经济研究所所长　刘建生

我与汉元能够一起完成"能源革命"三部曲，是机缘与快事。走在一起，是一种理想与召唤。每一次相聚都围绕能源、未来两个主题展开与探索。汉元激情、睿智、敏捷、认真，是少有与难得的，是他成功事业的根本。

这次我们再相聚，是一种"天意"的共识——我们终于迎来期盼已久的国家、历史的召唤与机遇——"碳中和"时代的来临。我们都深刻的意识到我们期望与追求的伟大与梦想已经到来，应该为此而思想、作为。相聚时，汉元一如既往热情激扬，并已经有一套基本想法与思路了，《未来》基本成书了，反映了他一贯的思想与追求，这次我们再次共识——完成一个再次探索与思想集成，续作"能源革命"第三部曲。

《能源革命：改变21世纪》是第一本系统探索"能源

革命"的专著，宏观、艰难。书当时很难从微观，甚至中观层面挖掘与立论。现实世界与未来世界似乎有一条天堑鸿沟，光伏产业基本从零开始，晶体硅最高时达到300万元/吨，光伏发电需要达到10倍以上的上网电价水平，未来能否成功是一个不敢想象的问题与答案。"能源革命"、"改变21世纪"的立题，是一种理想、信念、坚定、决心——人类、世界需要"能源革命"与"改变21世纪"的未来与必走之路。

书完成在理论与实际两个维度结合展开，从历史、哲学、物理经济学寻求思想的支撑，从科技与产业发展寻求现实的希望。当时整个光伏电池主要成本由晶体硅构成，晶体硅成本主要由能耗构成，能耗能否降低是"能源革命"成功的关键。在此问题上，汉元与通威是满怀信心，在晶体硅降耗这个关键问题上认为可以走出一条新路，根本性解决光伏产业、能源革命的核心与基础问题。此外，从技术分析讲，整个电池成本降低的第二个关键问题是晶体硅的切片问题，能否在当时的基础上，找到能够切得更薄的可能——每片电池总体能够降低成本与能耗的关键问题。从技术上讲，汉元一直认为是有可能实现这个发展——这是当时写这本书最关心的微观问题（也是后来把握能源革命进程的两个核心指标），也是这本书敢于提出"能源革命：改变21世纪"的大胆追求与理想主义的源头。

尽管如此，能够取得今天光伏革命的整体结果是当时不敢想的。一直到今天，每次相见，汉元都会对这个产业的同仁表示一种特别的尊敬，特别那些走在最前面，做出特别贡献的同仁。

作为这本书的花絮，是对能源革命成功的时间预测，或许是天意吧，居然把能源革命成功的标志时间"猜准了"。当时是横一条心，既然要说"能源革命"，就一定要将能源革命能否成功的标志与预测拿出来——平价上网的预测时间与结果："2019年实现平价上网"——2019年阿布扎比的上网电价做到了0.17元/度电——这是全球能源革命的里程碑。

革命实现似乎非常遥远，但出书后仅过五年，这个革命就已经取得历史性进展。2015年我与汉元再相见时，汉元对能源革命进展的描述，已经令人震撼，确实我们对能源革命未来需要有一个再认识。

《重构大格局——能源革命：中国引领世界》是一个中观为主体的"能源革命"的认识。此时，能源革命大势已定，其核心指标已经取得革命性突破，未来也有明确的期望，能源革命的"拐点"即将到来。到此，信心满怀、激动满怀。我清楚记得汉元打趣我"建生呐，你再不参与，以后就只能拍巴巴掌了"。

到2016年，我们都清楚意识到一个新的未来正在来临，对此，需要有一个认识与把握。"重构大格局"是考虑二百年年来主导工业文明的化石能源格局即将面临一个全面重构的未来；未来的"能源革命"大格局将根本性改变，并将第一次由中国人扮演主力军。机遇与挑战的基本性质发生根本改变，如何认识这个"重构"，如何认识这个"大格局"，如何认识未来的"能源革命"，如何认识中国能源革命的新希望与新挑战，是需要再认识的新课题。经过基本讨论，我们一致认为需要有一个新未来的框架性认识，去把握这种历史性机遇与未来。最后，"三个大"——大历史与大趋势、大变革与大超越、大格局与大时代，是一致认同的未来大结构，大致有六个基本内容：

第一，能源革命一定成功，"拐点"将在未来五到七年左右出现；

第二，太阳能特别是光伏能源将是未来能源革命主力军，太阳能革命将是未来能源革命的大历史、大趋势；

第三，太阳能革命将持续五十年左右，在2~3固定资产周期内完成。机遇性发展主要在未来二十到三十年，这是太阳能革命与太阳能时代的黄金发展期；

第四，太阳能革命是一次新的全球化发展，全球需要建立一个大的互联性质的能源体系，解决与承担太阳能革命的基本问题，实现全球最佳的太阳能发展模式与秩序；

第五，太阳能革命需要承担解决气候问题与绿色发展的重要使命；

第六，太阳能革命将是能源发展史上第一次将由中国人扮演主力军的运动，也是中国能源与经济发展的历史性机遇。

现在看来，上述大结构、大框架基本符合发展现实，并且完全能够对未来有战略性启迪作用。

《未来四十年：太阳能革命愿景》是第一次以微观、具体的方式认识能源革命、太阳能革命的未来。

能源革命是一个宏观、理论、战略性的认识与定位，从物理学意义讲，人类最根本的自然特性就是能量特性。从这个意义认识，人类发展过程的最基本能量特性的变革过程就是一个不断的广义能源革命的发展过程，大致有三个能源革命过程推动了过去人类大历史性的进步：动物能源革命——狩猎文明、植物能源革命——农耕文明、化石能源革命——工业文明。未来能源革命将推动与建设一个新的文明时代，但未来能源革命是一种什么样的能源革命内容与形式，以及发展过程，需要一个更加微观、更加具体的认识与表达，对此认识就是本书的核心内容。

过去十多年来，我们主要从宏观、中观这个层面对能源革命展开认识，显然面对今天蓬勃而起的能源革命发展需要有一个更加深入、更加具体、更加定性定量、更加有实际意义的认识。需要对未来能源革命发展主要内容、方向与趋势、基本过程、发展主要影响与作用有一个基本定性定量的描述，至少要有一个能够把整个发展过程能够量化的基本结果，这显然是一个巨大任务与挑战，一个关键要素：未来人均能源消费量。

人均能源消费量是表达这场能源革命最终发展的结果，这是本书最具挑战意义的核心问题，主要考虑了五个因素：

一是资源要素，太阳能资源是远远突破化石能源时代的有限性与分布不均匀性，人类几乎拥有无穷的资源，去获取能源、能量，全球普适性的实现能源独立、能源自由。

二是太阳能革命产业发展的科技与产业要素，未来具备全面深入发展的巨大前景；

三是年轻人的后代有追求更加美好生活的愿望与现实，这是与能源消费增加一致的；

四是全球面临深度的绿色改造、绿色革命，特别是气候问题的解决，需要一个巨大的能源消费；

五是历来的能源革命都伴随人均能源消费增长的历史现实，我们面临一个跃变的能源革命与未来发展，有理由相信未来人均能源消费将远远超出现有的"发达"标准与内容。

从上述考虑中，我们认识到仅仅考虑西欧、日本现在的能源消费量作为参考是远远不够的，但作为基础愿景是必要的。在此基础上，如果考虑目前世界上能源消费最多的三个国家美国、加拿大、挪威作为参照物，也是合理的。这三个国家能够长期实现人均八吨标油的消费水平，其基础是他们良好的资源条件。此外，还是以美国、加拿大、挪威作为参照物，取这三个国家中高端人群的能源消费量作为参考，大约在10吨标油左右。再考虑深度绿色发展需要，主要解决气候问题与荒漠化土地绿色改造等，需要再考虑人均两吨标油左右的特殊需求，这样第三个情景可以选择人均12吨标油。

上述三个情景是我们对未来能源发展可能出现的愿景的基础。在本书的完成过程中，工作团队有相当激进的看法，汉元对此特别坚持，一定要有大家都认同的基本愿景，作为基础。在此基础上进行一定的延伸。最终我也认同这种严谨的基本定位。

对未来如何看，特别是如何认识其他各种能源的作用问题上，汉元始终坚持全面、协调、客观的发展理念，在书中对一些关键问题秉承其基本要求：一是对其他能源产业一定要非常尊重、客观；二是对行业认识与评估一定要特别谨慎、客观，留有充分的余地。

对太阳能革命愿景认识是本书核心内容，既然是讨论能源革命、太阳能革命，对这种发展可能出现远远超出人们传统思维以外的愿景认识是非常必要的。如何表达这种认识，是此书我与汉元寻求统一的关键问题，汉元始终坚持基础与谨慎，最终我认同他的基本出发点，在思想伸张方面，进行一定的约束与克制。

太阳能革命显然在未来的能源革命大框架中将占有主导地位，太阳能革命涉及许多方面内容，本书集中认识太阳能革命在获得端可能发生的愿景，在能源革命中，"获得"是基础，将"获得"表达清楚，就是成就。

从《能源革命：改变21世纪》开始准备起，已经十多年了。当时准备能源革命、太阳能发展的资料都非常困难，太阳能发展真是星星之火，是一种期待与希望。今天太阳能发展已经正在演变成太阳能革命、太阳能时代的蔚然大观、燎原之势。对此，汉元与我都是非常欣慰，我们衷心祝愿太阳能事业、太阳能革命能够有一个锦绣前景。

前 言

能源革命是半个世纪以来人类最根本的追求，以期解决化石能源时代所固有的不可持续问题，以及近五十年来屡屡出现的能源危机与能源安全问题。化石能源的有限性与不可持续性是两百年来一直悬挂在人类现代文明头上的达摩克利斯利剑，解除这种威胁是人类长期的共同愿望。

此外，近二十年愈演愈烈的气候问题，已经成为人类生存与发展的系统威胁与生态危机，人类需要紧迫地解决化石能源消费所导致的温室效应，需要在未来三十年左右根本性解决导致气候危机的二氧化碳排放问题，根本之道也在于能源革命。

2014年6月，习近平总书记正式提出了开展能源革命的战略主张与发展部署；2020年提出"双碳"目标：到2030年实现碳达峰，2060年全面实现碳中和，推动全球气候问题的彻底解决。中国成为能源革命与碳中和发展的全球推动力量。

从物理学意义讲，根本性的未来能源革命只能是太阳能革命，这也是近三十年来人类发展能源革命的主要方向与内容。到今天为止，太阳能革命已经由期望正变为现实，太阳能革命正由历史大海中的桅杆朝阳而起，扬帆巨浪。我们有幸地已经看到太阳能革命这个大历史的兴起，并且即将迎来这个大革命的展开。

人类在过去长期处于能源安全的束缚，太阳能革命将第一次根本性地破解能源安全这个长期以来的历史性困境，并且创造全球普适性地能源独立、能源自由的新时代。

太阳能革命使人类第一次面临一个伟大的场景——人类可以拥有几乎无尽的能源的可能性，同时也面临一个几乎无穷财富涌现的未来，展望这一切，需要一个突破性、革命性的世界观与方法论，特别在未来不久，我们可能实现0.05元一度电，相当于5美金一桶石油，这是一个难以想象的场景，我们需要憧憬一种山呼海啸、摧枯拉朽的世界与未来，演进与革命，一个新的时代正在迎面而来。

初步测算，五到十年，非常可能三到五年，我们将看到太阳能革命理论与实际意义上的正式发生，一场全球性的能源革命、太阳能革命将全面展开，并在十年、二十年演变为一个新的太阳能时代，并且在三十到五十年完成这场史无前例的能源革命、太阳能革命，建设一个美好、理想的太阳能时代。

太阳能革命将根本性解决人类千百年以来的能源安全问题，同时也能根本性破解气候危机困局，还能够建设一个理想的绿色世界，展望太阳能革命可能发生的愿景是本书的基本内容。

对未来能源革命发展的愿景有许多展望，基本都将全球人均约3~4吨标油作为未来发展的基本目标，且由传统能源与新能源共同组成，其中保守的预测中，传统能源占有较大比例。显然，这一结果是值得推敲的，我们需要突破传统思维的约束，去探索一种新的发展与新的未来。

在过去十年，甚至过去五年，我们都不敢想象能源革命者在今天所创造的革命性结果与未来——这是能源工作人的历史局限：既期盼伟大的未来，也难以相信这个未来能够真正实现。

以稳妥为基础，以革命为期望——这是过去预测的基本逻辑与出发点。本书在这个基础上，以太阳能革命最基本属性，以及人类追求美好的本性，并且考虑现实发展的可能性，以此为基础对太阳能革命进行预测与展望。

展望主要是三个内容：

第一，未来四十年，太阳能科技与产业体系可能发展的三大技术与产业体系；

第二，未来四十年，太阳能革命发生、发展、完善三个阶段的发展内容与结果进行的展望；

第三，对太阳能革命导致的经济、社会可能产生的推动，进行了初步探索。

从能源革命到太阳能，革命是一个巨大的历史进展，也是一个思想认知的革命。在这条路上，我们从思想与实践两个维度在寻求未来，丰富我们的认知。我们怀揣一个理想，去探索能源发展的未来，2010年我们完成《能源革命：改变21世纪》。在当时，"能源革命"这个主题，是一种理想，也是一种勇敢与坚定。"改变21世纪"是期望，也是执着的信念。在那时，晶体硅最高曾经达到300万/吨，提出"能源革命"、"改变21世纪"是一个伟大的理想。书在历史、哲学、经济学、物理学中去寻找走向未来的逻辑与可能性，在科技与产业发展的探索中寻找突破的希望，特别是对晶体硅能耗这个关键问题的把握上，寻找到能源革命的未来希望——晶体硅能耗是有希望取得突破性成就，从而创造能源革命未来。这本书对能源革命成功做了一个大胆、科学的预测——能源革命将在2019年取得标志性的成功：光伏发电实现平价上网，这个预测与实际发生结果一致，在2019人类取得了能源革命、光伏革命里程碑的成就，在阿布扎比第一次实现光伏平价上网的结果。

　　2017年，我们完成了能源革命第二本专著《重构大格局——能源革命：中国引领世界》。此时，能源革命能够成功，已经是一种坚信，通威的晶体硅已经取得长足的进步，再继续发展是充满信心，我们已经看到能源革命将迎来一个伟大的未来。对这个未来，我们进行了大的勾画与展望，用三个大来进行表达："大历史与大趋势"表达了能源革命即将展开的大趋势；"大变革与大超越"表达了能源革命即将而来的基本内容，特别展现了中国光伏革命创造的奇迹，以及未来一定会实现的能源革命与光伏革命结果；"大格局与大时代"表达了我们对能源革命、光伏革命将创造的未来框架与核心内容的基本认识与定位。现在看来这三个大是我们当时对能源革命、光伏革命发展的最佳定位、最好认识。

《未来四十年：太阳能革命愿景》是过去两本能源革命专著的续作与姊妹篇，也是对能源革命未来发展最新、最基本认识，主要有三个内容：第一，太阳能革命将是比较抽象的能源革命更加鲜活、具体的主要内容，而且这种革命将在五到十年成为理论与实践意义上的具体发展，太阳能革命不仅是中国意义的发展，而且还是全球意义的发展；第二，太阳能革命主要发展将在未来四十年左右基本完成。如果努力，大约在三十年左右，中国能够与发达国家同步完成太阳能革命；第三，太阳能革命最基本目标问题的考虑。按传统的观念，普遍认为未来人均能源消费将以目前发达国家4吨标油左右的消费水平为基准。我们认为未来太阳能革命条件下，人均能源消费可能突破甚至远远突破我们现在认为的发达国家的能源消费标准，主要基于五个要素：一是资源要素，太阳能资源是远远突破化石能源时代能源资源的有限性与分布不均匀性，人类具备实现全球性的能源独立、能源自由的光热资源条件；二是太阳能革命发展的科技与产业要素，未来具备全面深入发展的巨大前景；三是年轻的后代有追求更加美好生活的愿望与现实，这是与能源消费增加一致的；四是全球面临深度的绿色改造、绿色革命，需要一个巨大的能源消费；五是历来的能源革命都伴随人均能源消费增长的基本历史，我们面临一个跃变的能源革命与未来发展，我们有理由相信未来世界的人均能源消费将远远超出我们现有的"发达"标准与内容。以此为基础，我们还考虑了未来全球人均能源消费远远超出4吨标油的另外两个情景，作为探索太阳能革命的可能发生愿景。

在太阳能革命发展过程中，传统能源将与时俱进，与太阳能革命协调发展，完全可以在未来四十年中获得应有的价值与地位，共同形成一个新的能源时代。

同时，我们对太阳能革命可能产生经济、社会可能的发展进行了趋势、方向性的展开，作为能源革命、太阳能革命基础作用的延伸效果的初步认识。显然，其结果也是具有革命性的。

今天，站在历史与未来的交叉路口，正迎来百年、千年的历史机遇——推动太阳能革命、迎接太阳能时代、走向太阳能未来，人类应该满怀希望，拥抱新的未来、走向更加美好的世界！

历史启迪未来

迎接太阳能革命

第一章　能源革命的再认识与新挑战

　　"历史"的要义就是"启迪与指引"。

　　新能源发展无疑是具有历史意义的大事，它完全可能是推开了一个新的窗口让我们去眺望能源革命的前景与未来。我们需要一种具有大时空的历史观来评估这种发展，以及真正认识与锁定这种发展所需要的正确发展路径与策略。站在今天这种大历史变革的前夜，我们回望近二三百年间能源革命的历史、人类进步的历史的时候，更应该思考那些智慧先贤给我们的启迪——未来将会发生什么？

第一节　现代文明历史从这里开始

——牛顿、瓦特、汤因比的代表意义

一、牛顿体系——现代文明的基础架构

茫茫苍海夜，万物匿其行。

天公降牛顿，处处皆光明。

——亚历山大·蒲柏

牛顿是人类史上最有影响力的科学家，是"物理学之父"。万有引力和三大运动定律奠定了物理学体系，并成为现代科技、现代文明的基础架构。

（一）现代文明的科学奠基人

1820年之前的300年可以视为"长达几千年的农耕文明"与"工业文明"两个大时代相交的过渡期。这个时期构架了工业文明得以飞

速发展的基本结构：以牛顿体系为基础的现代自然科学体系的建立；以英、法革命所建立和推动的欧洲新型制度体系的基本转型，城市化的初步兴起和相对较高的经济增长。

有论者将1500~1700年的200年称为工业文明的前发展期，到1700年，历时200年的英国圈地运动基本结束，英国城市化正在兴起，尤为重要的是以牛顿定律为依托的自然科学已经走入蓬勃发展的新历史时期，现代科学可以认为起源于1686年牛顿完成的《自然哲学的数学原理》。

（二）能源革命的理论导师

在光学方面牛顿也取得了巨大成果。1665年，牛顿证明了普通的光是由七色组成的。牛顿用凸透镜把七色光合成了白光，证实了这一点。牛顿还进一步测定了不同颜色的光的折射率，从而发现了不同色光的折射角度，是按着赤、橙、黄、绿、青、蓝、紫的顺序加大，物质的色彩是由不同颜色的光在不同物体上有不同的折射率造成的。他对各色光的折射率进行了精确分析，说明了色散现象的本质。他指出，由于对不同颜色的光的折射率和反射率不同，才造成物体颜色的差别，从而揭开了颜色之谜。

牛顿还提出了光的"微粒说"，认为光是由微粒形成的，并且走的是最快速的直线运动路径。他的"微粒说"与后来惠更斯的"波动说"构成了关于光的两大基本理论——这两大理论正是太阳能革命的两大基础。

（三）牛顿体系：力学体系、能量体系

牛顿体系从过程表达为力学体系，从结果表达为能量体系。能量体系主要是由以克劳修斯为代表的一批物理学家发展起来的，能量守恒、熵增加原理为经典物理学体系的发展奠定了更加宽广的基础。

能量体系、热力学的建立与发展推动了人类社会生产力大发展，促进了机械革命和科技大发展，推动了工业革命不断深入的进程，热力学三大定律对人类社会的发展具有重要的促进作用，也促进了人们对宇宙的认知。时至今日，热力学三大定律仍然是未来的能源革命、太阳能革命的思想基础。

二、瓦特——现代文明的开启人

无论从哪个硬指标看，真正意义的历史巨变是人类社会大规模利用蒸汽机而展开的工业革命，这是现代文明的开始。

（一）17世纪初期王国的困境——木材匮乏

17世纪之前，在英国，无论在皇室的壁炉还是民间的冶铁作坊，木材都是最受宠的燃料。但是城市人口的迅速增加，使得建筑、取暖、家装和手工业等各领域的木材需求随之猛涨。而欧洲"小冰期"的降临，使得英国的冬季格外寒冷和漫长，学者鲁道夫·吕贝尔特估计，这一时期的伦敦取暖，可能耗去了这个人口大

城2/3以上的能源供给。制造业同样耗能巨大，15世纪开始流行于伦敦的鼓风炼铁炉以木炭为燃料，一家炼铁厂每年要消耗掉1036平方公里以上的森林。

根据史学家约翰·奈夫的说法，在伊丽莎白时期，2000车的木头只够酿酒业一年的燃料。然而到了詹姆斯一世时期，一个玻璃作坊一年则需要4000车。另外海军同样需要木材制造军舰，而且用料讲究，用量巨大。

在约翰·奈夫看来，17世纪是一个由木柴匮乏引发的能源危机时期。大量的森林砍伐，使英国生产和生活都受制于能源供给的短缺。在部分地区，木材成了奢侈品，甚至出现了"一般老百姓都不敢举火"的情况，冻死人的例子也不鲜见。

（二）能源革命VS工业革命：煤炭与蒸汽机的奇迹

工业革命或者现代文明，其本质是一场由能源危机引起的能源革命，是化石能源取代植物能源成为人类社会创造财富的根本基础：化石能源以动力、原材料的形式创造了一个新的文明根基。大规模的冶炼成为可能，并磅礴展开，从而使规模化的设备生产成为可能；化石能源作为动力源取代人力、畜力、植物以及水力、风力，使一个高速发展的世界、机器的规模化利用、工业文明的时代得以实现与展开。

1. 瓦特与蒸汽机

按历史学家菲利普·李·拉尔夫的说法："在1830年左右之前的工业革命不具任何重要意义。"其关键是化石能源的大规模使用。

其实在1830年前，人类社会已经基本完善、成熟了蒸汽机，从1712年托马斯·纽科门率先发明蒸汽机，再经瓦特从1763~1769年的重大改造，蒸汽机已经基本成熟，瓦特与人合作的公司到1800年仅销售出289台蒸汽机。但大量的蒸汽机购买者多不完全使用它，主要原因是其动力源依赖木柴，工业革命没有展开的关键因素是没有获得大规模的化石能源。

2. 煤炭与现代人类文明

在1850年前后，由于法国的加来海峡地区和德国鲁尔地区的煤矿发现与开发，1850~1869年，法国的煤产量由440万吨上升到1330万吨，德国的煤产量由420万吨上升到2370万吨，整个世界从1830年煤炭消耗量占整个能源消耗量的不到30％，迅速在1888年达到48％。

煤炭和大量的蒸汽机派上用场，交通、钢铁、电力迅速得到推动。整个世界经济、社会产生连锁式飞跃发展，世界从此正式全面进入一个新的时代，现代人类文明正式开启。

三、汤因比：文明的总结与命题——"挑战与应战"

当我们回顾学术思想史的时候，阿诺德·约瑟夫·汤因比无疑会被置于最前沿的位置，能与他比肩而立的恐怕只有爱因斯坦、玻尔、史怀哲、罗素、维特根斯坦等屈指可数的几个人。

汤因比被学术界普遍公认为"近世以来最伟大的历史学家"，而他的巨著《历史研究》更被誉为是"现代学者最伟大的成就"。

汤因比经过对文明内在机制进行深入分析，从《浮士德》中获得灵感和启示，体悟到文明起源的契机与动力问题，提出"挑战与应战"理论来解释人类文明的历史进程——文明的发生、成长、分裂和崩解。

汤因比被称为"世界通哲"，他对历史有着自己独特的见解，善于从历史当中发现问题，并且根据这些问题"预测"未来会发生的一些事，以及走向。汤因比曾经对世界上26个种族的历史文明进行过研究，他撰写的《历史研究》享誉世界。他认为历史文明不应该以国家作为单位，而是应该以一个文明或者社会作为单位。他的理论与分析对世界历史研究有着巨大的促进、推动作用。

汤因比对历史的判断是这样的：人类只有区区6000年的文明史，这占人类历史的长度不到2%，因此，无论从宏观角度和哲学层面来讲，所有文明其实都同处于同一个时代。而从价值取向判断，虽然所有文明都取得了巨大成就；但同人类的理想标准相比，又相去甚远。所以这些文明在哲学意义上来讲，又似乎是等量齐观的。

汤因比认为挑战有两种：自然环境的挑战和人为环境的挑战。文明社会的起源是恶劣的环境（这种恶劣环境的挑战有5种刺激形式：原居住地困难环境的刺激、新地方的刺激、打击的刺激、压力的刺激、遭遇不幸的刺激）。同时挑战与应战并非正比关系，挑战与应战相互作用之间存在一条"报酬递减规律"，因此，挑战与应战的不同力度决定了文明发展的速度和结局走向。

汤因比在深入研究过去500年的历史后，得出这样的结论：虽然在这一时期，人类的科学技术和物质条件得到了前所未有的发展，但在精神和政治层面发展上却严重滞后。在经历了两次世界大战之后，人类居然拥有了能轻而易举地消灭地球上所有生命的能力。其实，整个人类已经走到了悬崖边上，若不及时调整方向，改变自己的思想和行为，那肯定会跌入万劫不复的深渊。

能源与粮食两大革命是人类发展最根本的不倦奋斗，当今能源革命正在转入新的发展阶段——太阳能革命，而太阳能革命必将带来太阳能时代，而太阳能时代的必然结果就是太阳能文明，这是人类"挑战与应战"对未来的根本性总结与命题。

第二节　化石能源革命VS工业革命、现代文明

在1500~1820年的时代，是中世纪向现代文明的过渡期，是农耕时代向工业时代的转折期，从资源意义上讲是植物能源时代向化石能源时代的过渡期。在这个时代，发生了一系列的根本性革命：思想革命、体制革命、科学革命，全球化革命兴起、商业革命兴起、技术和产业革命兴起、成熟化兴起。

一、煤炭文明时代：1820~1950年

（一）煤炭革命

到1820年，整个英国历经了300年左右的一个全方位变革。此时的社会现状是：大量的土地需要用于养羊生产羊毛；大量的人口需要进入工厂、商业、军队、海外；大量的土地依靠严酷的殖民地运动强行进入帝国棉花的原材料供应体系；大量的森林需要砍伐用于城市、工业；城市化的发展使粮食消费极大地增加，粮食亩产量千年停滞不前的格局急需打破；"嗷嗷待哺"的蒸汽机需要大量的

能源而停止不动；庞大的海外体系运转不灵——大量的军队与补给无法到达与及时出现世界各地，整个商业运输难以满足产业与市场发展的需要；钢材、各种原材料无法满足产业发展和城市建设的需要。而植物能源只能提供有限的粮食、有限的动力、有限的原材料、有限的人口，传统的农耕文明已经无法支撑。社会发展已经无法再站在植物能源的松软基础上起飞、升空、翱翔。

到此为止，一场革命亟待发生，而能否发生已经不取决于政治、思想、体制、技术、人才了。一切取决于一场伟大的能源革命能否发生：能否找到大量的能源给瓦特已经改造好而又无法开动的蒸汽机提供能量，能否给张开"巨口"的冶炼高炉提供能量，能否给庞大的舰队提供动力。

这一切已经归结为这次变革需要一场伟大的、历史性的能源革命——远远超出过去所有土地所能提供的能量、能源，只有找到这个能源才能真正创造出大量的财富来支撑一个远远超出过去文明所具有的辉煌。

幸运的是，地球早已准备好了这个能源——化石能源之煤炭，这是一笔地球给人类已经储藏了上亿年的宝贵财富。

在1820~1850年前后，英国煤矿、法国的加来海峡地区和德国鲁尔地区的煤矿被发现与开发。法国、德国的煤产量30年左右都有接近3倍增长，整个世界从1830年煤炭消耗量占整个能源消耗量的不到30%，迅速在1888年达到48%。尔后迅速超过木材使用量，成为主要能源。与此同时蒸汽机真正开始大显神威。交通、钢铁、电力迅速得到推动。整个世界经济、社会产生连锁式飞跃发展，世界从此正式全面进入工业文明时代——化石能源之煤炭时代。

（二）1820~1913年：煤炭时代 – 工业革命百年黄金时代

1820~1913年，整个约100年是化石能源之煤炭时代或者说工业文明的黄金时代，英国是这个时代的先导，欧洲国家和美国是主角。在这个时代，化石能源之煤炭的大规模使用，使人才、教育、技术、科学、制度的作用汇聚一起，演绎了一场人类社会发展的灿烂辉煌的大剧。

在100年间，英国的经济总量增长7倍，德国增长4倍，法国增长9倍，美国更是高达约45倍，并在19世纪末20世纪初跃居全球第一。日本总产值增加3.5倍，人均产值增加1倍。在此时代，上述各个国家发展的最根本规律就是经济高速发展是基本与化石能源之煤炭的消费高速增长同步发展。而此时的中国，大部分时间都处在一个内忧外患的动荡之中，所以基本没有变化。

（三）1913~1950年：大动荡历史

这个时期内，人类社会经历了两次前所未有的世界大战，并且中间还夹杂了一个空前的经济危机。

在经历100年黄金发展期取得成就的西欧国家基本都面临煤炭资源的战略性枯竭。其发展的基本动力正在丧失，主要是这些国家的煤炭资源无法支撑自身庞大的经济体系的持续高速发展，并且煤炭资源量已经到了可以看见库底的时候了。以英国为例，历经100年的高速发展，其煤炭累计使用量近200亿吨，整个国家煤炭资源已经消耗掉一大半，剩下的煤炭资源已不到1/3。就煤炭而言，国家的命运已经处在一个战略性危机的过程之中。其他欧洲国家的情况基本类似，法国比英国更为严重，而德国虽然情况好一些，但从长远意义讲，德国缺乏英国和法国广大殖民地的战略支撑。在煤炭时代，决定一个国家的根本要素（煤炭资源）出现战略性枯竭的格局是产生这个特殊动荡时代的根本原因。

在这种背景下，接连爆发了两次世界大战，且两次世界大战紧随相致绝非偶然，其基本原因相同，就是化石能源枯竭——20世纪的"生存空间"缩小。此时整个社会需要一个新的方向，一个新的动力，一个新的机制，一场革命。而这场革命简而言之就是能源革命之石油革命。在当时，这并非一个明朗的前景。对欧洲国家而言，没有石油资源，这场革命最终导致第二次世界大战，这也是一个非常合乎逻辑的结局，德国最终将战争目标指向欧洲的石油大国——苏联。而日本不惜将国家命运押在历史的赌台上，将整个中日战争扩展为太平洋战争，其基本目的非常清楚——获取东南亚（主要是印尼）的石油。

（四）1913~1950年：煤炭时代向石油时代过渡期

这个时代应该说是一个大历史时代变革的过渡期：化石能源时代的第一阶段（煤炭时代）向化石能源时代的第二阶段（石油时代）展开的过渡期。这个论断主要出于三个理由。

理由一：欧洲老牌发达国家煤炭资源战略性枯竭。

理由二：增长格局改变。发达国家高速增长的基本格局向低速增长甚至停滞不前的格局转化是决定这个时代的中观原因。这种转变的重要结果就是：在经济高速增长的条件下所掩盖的经济和社会问题变得非常突出，主要是财富分配问题（劳资矛盾）、产能过剩问题、国际格局转变（贸易保护）。

理由三：石油时代的曙光已经展现。石油的物理性能远比煤炭优越，主要有两点：一是能量密度，石油是煤炭的两倍，但直接使用效果是三倍左右，如果考虑运输、设备的投资，石油的能量效果更高；二是石油极易汽化，因而使传统能源的使用方式发生一个重大革命，可以实现连续性燃烧，同时，汽化燃烧比煤炭表面性的固体燃烧优越，可实现能量效率的大幅提高。这直接推动工业革命向广度和深度扩展：导致交通革命，飞机、汽车普及性的发展，所有的交通工具性能获得一个质的改进——能量使用强度提高三倍，高速世界得以实现；化工产业也达到一个重大推动。

石油时代表现出一种革命性的前景，但是石油时代在当时仅属于大部分国家遥望的未来，它仅属于美国。到1940年，全球石油产量2.78亿吨，其中美国生产占68.7%，为1.91亿吨，相当于当时美国煤炭产量的74.6%。到1950年，全球石油总产量5.19亿吨，美国的产量占全球产量的51.8%，为2.69亿吨，相当于美国煤炭产量的96%。此时中东仅生产0.88亿吨，但居全球石油产量的第二位。此时石油占全球一次能源消费量的25%左右。整个世界的能源结构正在发生重大改变。考虑石油实际的使用效果远远高于煤炭，实际上美国在20世纪40年代就已完全进入石油时代。如果从传统的能源定义，到1950年，美国已经是全面进入石油时代。

1913~1950年，美国给整个世界演绎了煤炭时代到石油时代的巨大变迁：汽车时代的普及，城市化发生了根本变迁，飞机时代的来临，以石油为依托的化工工业飞速发展。以石油为依托的战争机器威力无穷，在一战，尤其是在二战中，美国的石油战争机器扮演了决定性的作用。

二、石油文明时代：1950年至今

到20世纪50年代，大量的石油在一个人口极少、经济非常落后的地区——中东被发现。历经四十年的残酷、痛苦时代，人类终于迎来了新时代的曙光——一个和平、自由、平等、繁荣的时代。这是一个巨大的历史进步，就人类社会最基本的自然特性——能量特性而言，这是一个石油文明时代。

（一）1950~2001年：石油时代

这个时代是化石能源时代的第二阶段——石油时代，在此期间，人类社会经历了第二个黄金时代，全球经济在庞大的基础上再次获得超高速增长。1950~1973年是石油时代的第一阶段，到1973年，这个局面受到一个重大的调整，全球性的全面超高速发展基本结束。1973~2001年是石油时代的第二阶段，全球经济处于一个局部地区的高速增长（由全球化、自由、公平决定）阶段，大部分地区，特别是发达国家处于中速、低速甚至停滞不前的格局。

1. 1950~1973年：人类社会的第二个黄金时代

这个年代是石油时代的第一阶段，是一个最为辉煌、激动人心的时代。全球经济增长达到有史以来的最高增速，23年的平均增长速度为4.91%，全球经济总量实现3倍增长。西欧23年平均经济增长速度达到4.8%，是上一个黄金时代的约2.4倍，整个经济总量增长达到约3倍。日本23年的平均经济增长速度达到惊人的9.29%，整个经济总量增长约8倍。美国在保持了100多年较高增速的条件下，依然

实现了与世界同步的高速增长，平均增长速度为4.8%，是过去100年高速增长速度的2.2倍左右，经济总量也实现3倍增长。全球经济总量增长约3倍。

推动这个增长的"看不见的手"——能源的增长达到60亿吨石油标量的一次能源消费，是1950年的三倍左右，其中石油增长达到5.2倍，主要是石油产量增长推动了整个经济的高速发展。到1973年，世界达到石油时代的特殊高峰，石油产量占整个能源的43%左右；如果考虑石油实际的使用效率，实际石油的能量作用在50%以上的量级。石油消费平均增速约为7.4%，是整个一次能源增长速度的1倍左右。

此时，一个全面依赖石油的文明体系基本形成，一个高速发展、城市化全面发展、物质财富极大丰富的世界得以实现。这个社会的实现是以大量、廉价的石油为根本基础实现的。石油价格约2~3美元一桶，相当于2007年的10美元左右。这种状况不可能持续下去。廉价一旦不存在，依靠廉价的繁荣就将结束。这就是以1973年为标志作为这个黄金时代结束的原因。

2. 1973~2001年：石油时代第二阶段

廉价石油时代在1973年结束，石油时代走向一个特殊的发展阶段，石油价格的动荡与推高的石油时代。在这个阶段，石油价格以一种不断涨落的形式低速上涨，上涨的幅度离石油真实的价值相差非常远，因而，对这个社会还没有构成根本性的威胁与打击。这个社会还可以通过挖潜、节约、技术进步等的自我调整方式来化解石油涨价的影响，从而实现石油时代的继续发展。

在这个阶段，全球石油消费增长量为25%左右，平均年增长速度为0.8%左右，仅为上个23年平均增长速度的1/10左右。石油增长速度大幅降低，石油占整个能源使用量的比例从1973年的最高峰43%左右已经降到2001年的38%左右。

全球经济总量在这个时代增长约130%。这个增长主要靠三个因素来实现：第一是能源总量的增长，这个时期能源总量增长为60%，主要是靠其他能源使用量的增长来实现的一次能源使用量的增长；第二是节约、挖潜、技术进步等，其中发达国家的石油消费方式进行重大调整是主要因素，节油型小车普遍推广，这个时期，能源增长幅度与经济增长幅度之比约为0.6：1，而上个阶段约为0.9：1，整个能源创造财富的作用提高50%左右；第三是产业革命的深入发展，主要是信息技术的发展导致的一场具有革命性意义的产业革命。它本质上是将能源、能量的表现形式由低级、简单的热能形式上升到信息这种高级、复杂的能量形式，从产业上讲是经过资源获得、原材料生产、传统型资本生产、信息产品等产业五级利用的最终发展，相应的是最大程度动员了大量的劳动力进入市场，从而使整个经济总量实现了一个巨大的跃升。

这个时期，发达国家经济平均增速大幅降低，远低于上个阶段，其中，西欧国家仅是过去增长速度的44%，日本仅是过去平均增速的32%。美国则要好得多，略比过去约4%的平均增速低约20%，其主要因素是：美国的能源基本能保证能源自给率的增长需要的供给；同时美国是这一次信息革命的"领头羊"；再者，美国全球化战略的有效实施，使高能耗产品的生产转移到发展中国家，使其实现一个能耗低增长，但经济实现较高速增长；此外，普遍性的节能技术的推动，各种设备的能量效率大为提高。此时期，中国

保持了一个超高速增长态势，是这个时代全球经济获得一个较好发展的重要因素。

此时代是石油时代的后期阶段，石油使用量增速大幅降低，仅是1%的量级，并且经常出现石油使用量比过去降低的状况。石油时代表现出这个时代在走向结束的基本态势：石油使用量增速大幅降低，维持在非常低的水平，石油使用量增长的加速度为负值。

3. 石油时代的影响因素

石油时代受四个因素影响：第一，石油使用量已经增长到一个天量水平，由石油时代开始时的5亿吨量级增加到2001年的36亿吨量级，整整增加了7倍；第二，每年巨量的石油使用已经持续了50年，一个高强度的使用方式已经彻底改变了石油工业格局，石油战略性枯竭的时代已经到来，包括美国在内的绝大部分国家已经没有石油完全自给能力，并且自给率在快速下降；第三，石油日益集中在少数几个人口小国，主要集中在占全球人口不到0.5%的海湾六国；第四，石油工业的地缘政治格局已被彻底改变。

4. 总结

至2001年人类已经达到一个辉煌的顶峰。从财富的角度，发达国家已是应有尽有，早已经超过人类曾经有过的理想世界。从能源的角度，人均使用量最高的美国，已经达到人均8吨多标油的量级，相当于人均增加了100亩土地的资源。其它发达国家，人均使用能源约为4吨多的标油量级，大约相当于比中世纪人均增加50亩土地，如果考虑其它矿产资源，其资源增加效应还将提高10-20%左右。

这就是今天人类社会辉煌、发达、富裕、文明、进步的最根本的基础。化石能源的使用效果相当于这些的国家的疆土极大幅度扩展。可以说离开这人均50~100亩土地当量的资源、能源，一切就是镜中之花，空中楼阁。

从上述意义讲，这个阶段的人类社会是石油文明的时代，从整个1820~2001年讲，人类社会所处的时代可称之为化石能源时代。

从大历史时代划分而言，2001年的"9·11"是一个具有标志性意义的时代性事件。从物理经济学体系的基本判定标准来看，2001年的"9·11"是具有一个大时代结束意义的事件，同时也是一个新的大时代开始的标志性事件。主要是四个结果：

其一，历史性的石油供应量收缩的过程已经启动，石油供应量历史性的降低不可避免。

其二，石油价格历史性的上涨已经开始，这是一个不以人意志为转移的历史过程，廉价石油的时代已经结束；同时，廉价能源的时代也已经结束；廉价粮食、廉价矿产资源、廉价产品的时代也已经结束。

其三，以可持续的新能源为依托的时代非常可能紧接着破土而出。

其四，一个新的全球新秩序将出现，在没有大量的可持续的新能源问世之前，其与1913~1950年的历史非常有可能在某种程度上重复：

前景一，高速增长的大格局转为低速、不增长甚至负增长的大格局。

前景二，实际财富总量增长停滞不前与高速增长条件下形成的

财富分配体制的矛盾，利润的历史性减少与惯性扩展的资本总量的矛盾，巨大的产能过剩与市场的历史性萎缩的矛盾的展现。这种效应的总合将历史性地推动金融危机、经济危机、能源危机不断地反复出现，一直到找到历史性的新平衡点为止。或者如同20世纪50年代，石油大量的发现，比水还便宜的石油滚滚而来一样，丰富、便宜的新能源从天而降，一个新的大发展的时代才可能来临，或者说我们目前拥有的辉煌的现代文明才能基本确保。从这个意义上讲，一切皆因为能源，能源就是现代文明之母。

前景三：国际性的收缩格局不可避免地出现，减少贸易量，提高价格，贸易保护将极大程度地出现。这是减少能源、资源输出，提高能源、资源价格的根本格局产生的自然延伸结果，也是历史性的高速增长向低速增长格局转变的自然结果：让本国人有更多的工作机会。

前景四：为能源、资源、市场而起冲突的危险大为增加，从某种意义上讲，历史性的争夺、战争格局，弱肉强食的"丛林法则"主导的国际政治格局将可能以不同形式再次上演。

从上述意义上讲，人类社会紧盼的就是一场能源革命——一场新能源革命，只有一场新能源革命的成功，人类社会才能续演过去的辉煌与荣耀。

（二）2001年—现在：后化石能源时代的历史过渡期

站在2001年视角，从能源的观点看，未来什么能源来代替化石能源，为人类社会提供所需要的能量特性，现在不能完全肯定，是核能，还是太阳能，暂时还没有一个肯定的答复。但是，化石能源时代需要结束，新的能源时代需要来临，而且非常可能是即将来临。就此意义而言，我们将未来这个社会称之为后化石能源时代。

确定的后化石能源时代之前，应有一个过渡期。如同人类社会过去的1913年~1950年的煤炭时代向石油时代的过渡期，或者1500年~1820年的植物能源时代向化石能源时代（煤炭时代）过渡的时期。这种大历史时代的过渡期是在过去是一个较长的历史时期，在当今这种科技、产业、经济加速发展的年代，换代的革命是有可能加速进行，过渡期有可能只持续20~30年，而后，如果新能源的可行性问题彻底解决，人类社会将进入一个新能源时代，或者混合能源时代，人类社会将第一次进入一个可持续发展的现代文明。

三、总　结

上述内容是一个从半定量的人类社会发展历程的观察与评论，或许总结还不是非常精准，但应该是首次对一个较长历史进程周期的产生原因与发展规律进行的定量讨论。过去历史研究的最大问题是不定量，这就形成了一个众说纷纭的局面，难以形成一些比较有说服力的，能真正对历史作出准确预判的总结。

上述总结不是非常全面，同时本书也不是一本历史或者经济学专论，主要的着眼点是总结能源与人类社会发展的一些关系，未能深入展开讨论，因此这里的总结也仅具有限针对性。这里，我们大致有以下结论：

（一）经济与能源

1820~2000年，整个经济增长大约为50倍，一次能源增长30~40倍，全球经济增长与一次能源增长的比例为1：0.6~0.8。

1820~1913年，全球经济增长大约为3倍，一次能源增长3~4倍，全球经济增长与一次能源增长的比例为1：1~1.3。

1913~2000年，整个经济增长大约为13倍，一次能源增长大约为9倍，全球经济增长与一次能源增长的比例略低于1：0.7。

1820年的一次能源使用量难以准确定量，人均应该不超过0.3吨石油当量，但应该不低于0.2吨。

1950年以后，全球经济增长基本与一场能源增长保持1：0.6~0.7的比例。

从平均效果而言，全球经济增长与一次能源增长基本同步增长，且有一个基本确定的关系，这是一个具有普遍、根本意义的规律。

（二）其它

从2000年的大历史看，人类社会发展最具历史意义的进步是建立在能源革命的基础上，每一次重大的社会进步，都有一场能源革命作为基础。当然还有与能源革命相适应的技术与设备体系进步，或者说有一个资本、劳动的体系与之适应。这是一个最根本的社会发展规律。

每一次历史性的衰退与危机，总是与一场能源危机连在一起，人类社会要真正的解决这个问题，必须要有彻底的能源革命。

第三节 历史性的新挑战

一、"三本书"的历史意义

在20世纪下半叶，有3本书对全球经济社会发展产生了重大影响，分别是《寂静的春天》《增长的极限》《谁来养活中国》，这三本书在20世纪具有重大文明革命的意义，是该世纪后期全球最大的变革潮流——可持续发展潮流的重要推动。联合国于20世纪80年代提出的可持续发展理念，逐渐受到世界各国的重视，并成为关乎人类存亡的重大问题。

（一）《寂静的春天》——灵魂的拷问

《寂静的春天》，由作者蕾切尔·卡森发表于1962年，彼时工业革命已经蓬勃兴起一个世纪，世界大战结束不久，之前与大自然斗争中一直处于弱势的人类手中握有了科技这把利剑，也终于迎来了一个更具支配地位的时代，正是人们意气风发想要挑战大自然宣示自己特殊地位的时代，这本书却如石破天惊的出世，打碎了多少

不切实际的幻想。

作者思路清晰，论证清楚，数据翔实，对播撒杀虫剂于环境以及生物体内积存的调查更是深刻而有见地，揭开的是我们平时无法了解也不会了解的真相，且同时兼顾了人类生存的角度与自然进化的角度，在当时为人们提供了一个看待问题的角度与思路，在今天同样意义重大。在科技发展的过程中，对于自然界的毒害有增无减。这样只注重现实意义的盲目、无知与武断行为带来的是科技道德的缺失和变本加厉的行为，而这些行为带来的危害也许同样是我们感受不到的，暂时认为是无害的，但是那些看不到的地方，也许每个细胞、线粒体、染色体都在发生变化，而我们在以生存为前提下为子孙后代传递的基因，是否已经面目全非？

同时，隐藏于文字背后的是人类对于环境的漫不经心或无穷索取，人们随意播撒看似无害的杀虫剂，只是因为一时的好恶就对其他生物斩尽杀绝。人们总是以为自己是最聪明的物种，可以支配其他的生命，却不一定想到就是因为有土壤、有土壤上的植被，才为人类提供了生存下去的条件。如果从生存角度来看，我们绝不是这个星球上的统治者，而是应该有更多的感恩，更多的敬畏与宽容。这本是自然主义与现实主义矛盾冲突的一个缩影，自认为地球主人的人类理所当然想要占有全部的社会资源，而持续不断增加的人口又渴求更多的资源。这样的矛盾涉及伦理、生物、道德等诸多方面——自然与人应该以何种关系相处，我们又应该如何看待其他生物，人类在地球繁衍生息是否该有上限，相应的资源又该从何而来……这些问题都在拷问着人类有限的智慧。但真理却又是唯一的，如何看待这些问题无疑是考验人类思想的终极问题。

大自然始终按照自己的规律运转，如何应对社会发展与自然环境之间的冲突，这对生活在21世纪的我们是灵魂拷问。

（二）《增长的极限》——文明的反思

《增长的极限》是1972年由麻省理工学院学者丹尼斯·梅多斯领导的研究小组受罗马俱乐部委托，以计算机模型为基础，运用系统动力学对人口、农业生产、自然资源、工业生产和污染五大变量进行的实证性研究。

"增长极限"是四十多年前提出的问题，它的主要内容是三点：一是人类社会发展所依赖的资源、环境存在着消耗殆尽和极度破坏的问题，人类社会存在着随着资源供应减少而产生的经济不断衰退问题；二是经济发展过程中存在着资源提供的"顶峰"问题，人类社会存在着随着资源供应增加到一个特殊的节点——资源供应无法再增长的"顶峰"问题，同时将产生经济增长的顶峰问题；三是资源消耗尽与"顶峰"出现的时间节点问题，人类社会经济发展出现周期性衰退问题。

资源供应减少产生的经济衰退是一个不准确的问题，只要不存在能源供应问题，几乎任何其他资源供应短缺问题都可以通过能量互换的作用，通过循环、替代的方式克服，典型的事例就是空间站的生存方式，没有地球上可以方便获得的每天需要消耗的资源，解决办法就是循环模式。实现的基础就是能量。就此而言，《增长的极限》的立论缺乏科学意义上的严谨。这也是《增长的极限》相当

多预测不准确的原因所在。但是就此书所提出的重大问题以及社会效果而言，它仍是一本具有里程碑意义的著作——开启了可持续发展的历史时代。

这本书所引起的全球思想界的争论至今不息；同时也引领了全球政治家们的深刻反思；它还是20世纪后期全球最大的变革潮流——可持续发展潮流的重要推动者。《增长的极限》一书尽管较为粗糙，但半个世纪的发展历程还是充分支持了它的基本观点和结论。

不仅如此，它还有一个最大的现实意义，就是道出了目前人类社会最需要的东西——危机感。100多年的现代文明发展历程充分展现了人类的征服与发展能力，人类对自己这种能力已经到了迷信甚至神化的地步。这既是好事也是坏事，特别在当今的资源危机的大背景下，我们需要这种自信，也需要对这种自信的清醒与反思。基于此，重提"增长的极限"这个老提法是非常必要的。事实上，21世纪人类社会发展面对的各个要素的"增长的极限"已成为当今世界最紧迫的现实问题。对"增长的极限"做定性定量的思考与研究是完全必要的。

《增长的极限》中的某些预测虽然引起过许多争论，但他的基本论点与核心结论是大家必须承认的：人类社会存在着增长的极限，如果不改变增长方式，这种极限在未来迟早会发生。《增长的极限》出版已经四十多年了，但今天深度探讨"增长极限"这个问题仍意义重大。在化石能源的边界下存在顶点问题，反映的是化石能源文明的边界条件。人类文明需要继续往下走，现在看来新能源文明的带来的边界远远超过化石边界问题，但还是要考虑边界问题。

（三）《谁来养活中国》——现实的底线

《谁来养活中国》一书是1994年由美国世界观察研究所所长——莱斯特·布朗所著，一经问世即产生巨大效应，引人深思。生存与发展两个根本性的国家议题与国家安全底线摆在世人面前，这也是每一个有良知的有识之士应该深思的。

作者根据美国工业化的农业模型计算，当中国人口达到16亿的时候，需要7亿吨粮食采购。但中国只有18亿亩基本农田，伴随耕地减少、水资源匮乏和环境破坏，粮食产量会逐渐下降，而人口增加、生活水平不断提高，又会产生大量的肉禽蛋奶的副食品需求，对饲料的需求也会大大增加。结论就是中国无法单独保证自己的粮食供应，中国的需求会对国际粮食市场产生巨大冲击。他断言，中国的粮荒将于2030年到达。

2020年，中国进口大豆已经达到1亿吨，食用油982吨左右（相当于3千万吨大豆），总计相当于进口大豆1.3亿多吨。按大豆与粮食1:3计算，相当于进口粮食4亿吨左右，接近中国2020年粮食生产量的60%。按中国大豆平均亩产量132公斤/亩计算，约占目前中国复耕总量22亿亩的40%左右。生产1.3亿吨大豆大约需要7个多黑龙江的土地。

在距离布朗预言到达之前的今天，中国就已经成为国际流通粮食的主要进口商，当我们将目光放到全球，随着世界人口在2050年

达到90亿，以及大量发展中国家转变为发达国家，全球粮食需求将大幅增加。但是土地约束，现有农业发展模式与增产技术还不足以应对粮食问题的挑战。

如何解决农业、粮食的挑战，到目前为止是需要有一个战略应对。对人口和粮食极限问题，都应保持高度的警觉。在一定意义上，粮食安全是国家第一安全，远远超过能源安全。

二、两场危机及物理经济学解读

迄今为止，影响力最大的两次经济危机，表观层次是金融，次之是实体经济，根源是能源（核心是石油）无法保障供应。可以肯定，未来相当长的时间内全球没有任何其他原因可以导致全球性的经济危机爆发，未来全球性经济危机的发生一定是缘于能源危机。

（一）1973年的中东战争

1973年10月，第四次中东战争爆发，为打击以色列及其支持者，石油输出国组织的阿拉伯成员国当年12月宣布收回石油标价权，并将其原油价格从每桶3.011美元提高到10.651美元，使油价猛然上涨了两倍多，从而触发了第二次世界大战之后最严重的全球经济危机，也就是1973年第一次石油危机，对能源的可持续性问题提出了重大挑战。

石油危机冲击了旧的国际经济秩序，石油开始作为政治武器出现，OPEC从西方七姐妹油气公司手中夺回石油定价权，作为全球重要经济组织强势崛起。此后的3年，发达国家的经济遭到了严重的冲击，美国的工业生产下降了14%，日本的工业生产下降了20%以上，所有的工业化国家的经济增长速度都明显放慢。

（二）2008年的金融风暴

2008年全球经济危机的本质是一场能源危机，此次危机有两个基本特点：

其一，石油涨价引起所有的经济要素价格基本同步上涨。

其二，高油价持续时间长，上涨幅度大，它的直接结果是形成了全球财富再分配。对大量依赖进口能源的国家而言，这种持续的高资源价格，使得国家的整体利润降低，降低的幅度相当大。这是整个金融、经济危机的深层次根源。

此次危机形成的根本原因并没有消除，是如同1929年经济危机一样最终走向战争，还是黎明前的黑暗？最终何去何从，需要一个更深入的讨论。

两次经济危机对中国的影响有限，因为当时中国的能源结构中，煤炭是主力，石油有限，且在1973年的时候基本没有进口，2008年时进口量有限（2亿多吨石油）。

（三）经济危机的物理经济学解读

1. 能源危机与经济危机的关系

能源危机最核心的形式是能源价格不断上涨，如果短期内上涨幅度过大，或者连续上涨时间过长，都有可能击穿全球经济体系，首先引发金融危机，再导致经济危机。能源价格不断上涨的直接结果是形成全球范围的财富再分配，一方面石油输出国家通过油价上涨实现了"超额"利润，另一方面全球能源使用国家通过利润减少的方式实现支付"额外"的价格上涨。如果这个利润减少超过经济体系的承受能力，这个经济体系就会首先爆发金融危机。

以2007年金融危机中受冲击最为厉害的美国为例即可说明此问题：在油价最高峰的2007年，由于油价上涨，相较于2002年，美国一年相当于多付出7000亿~8000亿美元，也就是说美国整个资本体系利润大约减少了10%，对于金融体系而言，这就是大灾难。

金融体系是采取杠杆效应运行的体制，大部分机构都是10倍以上放大效应的运行方式，整个资本体系利润减少约10%，致使金融机构资产整体为负，形成金融风暴。这就是金融危机产生的真实原因。

能源危机导致的发达国家财富减少是经济危机产生其他结果的直接原因。一个国家资产利润减少，相当于这个国家整体性的资产贬值，平均资产贬值程度与平均失业直接相关，而平均资产贬值与平均利润减少直接相关。这就是除了能源自给国家外，美国及全球其他国家均产生经济危机的原因。

2. 能源危机导致经济危机的基本表现形式

能源危机导致经济危机的基本表现形成：等能量、等价值、等货币的物价上涨。

所有经济要素随着石油价格上涨而同步上涨，上涨规律不是按传统的思路，即价格随着供需关系实现涨落，而是按物理经济学的"等能量、等价值、等货币"的方式上涨。煤炭、天然气以等能量的方式上涨，粮食以制造酒精的液体能量等量的方式上涨，铁矿石以运输能量消耗、冶炼能量消耗实现价值衡量。所有的基本原材料都以这种"等能量、等价值、等货币"的方式实现上涨，同时其他经济要素也是按此方式曲折地上涨，最终导致剧烈的通货膨胀。

与利润大幅减少一致的是资产损失、失业、经济衰退。这种衰退同时伴随着的是严酷的通货膨胀。整个衰退属于新型经济危机——滞涨型经济危机。

二战以来，全球经历二次大的经济危机，都是由于能源危机导致，而且都是基本相似，表现为滞涨型经济危机。其根源都是能源危机为深层次原因，根本性解决办法需要解决能源供应的问题，以及根本性的能源革命。目前的能源价格上涨导致全球经济全盘性影响，最终是否导致经济危机还有待观察。

三、两个安全

动摇人类现代文明根基的两大问题是能源问题和粮食问题。

能源问题：整个现代文明都是建立在找到了可以大规模获取及大规模使用化石能源的工业革命基础上。目前这种文明已走到了一个重要临界点附近：就是这种以化石能源的大量使用为基础的现代文明能否继续、如何继续下去的关键之处。这是一个对现代人类社会文明根基严峻且紧迫的史无前例的挑战。

粮食问题：粮食从某种程度上讲就是人类直接获取能量的基本源，甚至可以说是唯一源。粮食问题对人类而言可以说是基本的，也是头等大事。粮食问题是国家之本、家庭之本，同时也是人之本。

从某种程度讲，我们人类几千年文明史很大程度上甚至是从根本上间接或直接围绕着这个问题展开的。人类在几千年文明史上，可以说是从没有在粮食问题上获得过一个满意的解决。对此，人类不能等闲视之，完全有必要对此问题进行深度思考，并真正找到解决问题的办法。

（一）能源安全的"倒钟形"预言

美国石油地质学家哈伯特于1956年提出"石油顶峰论"——"倒钟型"预测。这个预测非常经典，预言美国将在1970年到达石油供应顶峰，而当时美国石油供应正是一片兴旺时期，几乎没有人相信他的预言，但美国传统石油的历史却证明了他的预言。

目前化石能源增长极限的核心问题，是化石能源供应的顶峰时代即将到来。化石能源顶峰时代有一个大结构，一个是时间范围，顶峰时代不是一个点，而是一个时间段；另外一个是石油、天然气、煤炭达到顶峰的时间以及顶峰结构，包括非常规油气的影响；再就是二氧化碳排放极限结构形成的顶峰结构。

这种顶峰结构既是化石能源必须被替代的能源革命发展背景，也是太阳能革命必须推动的关键问题。

（二）粮食安全的三个故事及意义

1. 故事一：1500年（时代）大历史的粮食意义

（1）1500年（时代）的提出与意义

著名的历史学家斯塔夫里阿诺斯将人类历史化为两段，其描述方式具有大时空的历史视角与展望，具有两个重大历史意义：

第一，光热获得的实际面积、获得量超过一倍。新大陆的发现使人类社会的生存空间扩大了一倍左右，使欧洲的发展空间扩展了三倍左右，对西欧而言相当于生存空间扩展了五倍以上，近于天堂的南北美大陆的广饶平原，得天独厚的气候条件——濒临大西洋、太平洋而享有的丰富降雨量。

第二，C4作物的革命性粮食效果。C4植物较C3植物具有生长能力强、二氧化碳利用率高、需水分量少等许多优点，为人口增长2~4倍甚至2~6倍提供了粮食基础。

（2）中国的康乾盛世

在此期间，主要是美洲开发所产生的全球辐射效果，马铃薯、红薯、玉米等高产作物引入中国，中国的粮食产量大幅增加，大量的贫瘠土地可以耕种，并且高产。当然水利、耕作技术也是原因，但是较为缓慢、有限，从统计效果看，整体而言可能平均亩产量的增长影响在20%~30%的量级。应该说土豆、玉米、红薯是使得当时的中国每年获得的植物能源总量大幅度增加的主要原因。

中国社会基本上表现一个动荡、复兴、再动荡、再复兴的周期性历史，应该说影响这个变化的内在重要因素是人口与土地、人口

与植物能源总量的关系所定，这也是当时中国能出现康乾盛世的重要原因。

2. 故事二：中国历史之逐鹿中原、"天府之国"、"上有天堂下有苏杭"的粮食意义

（1）"逐鹿中原"粮食意义的特别解读

中国历史上有一个著名的政治典故，叫作"逐鹿中原"或是"问鼎中原"。它的意义是指任何统一中国或者意在统一中国者，都必须占有中原大地，偏安一隅而不占有中原，就不能成为整个中国的主宰者。

中原大地主要是以河南地区为中心的华北平原构成，有优良的日照条件和粮食高亩产量。这里的粮食亩产量远高于中国其他许多地区，也高于欧洲大部分地区，是四川、云南、贵州、东北等地区的150%左右。因此，整个中原大地每年所能得到的粮食总产量是一个巨大的数字，大约能养活5000万到1亿人口，这构成了中世纪时期建立大国的重要基础。即便是以目前来说，河南的粮食平均亩产量约为500公斤，仍然是云南、贵州的130%~150%。以此为基础，河南的肉类生产能力也是全国第一。

（2）"天府之国"粮食意义的特别解读

"天府之国"之称，是由于其优越的自然环境和所处的独特地理位置所决定的。

优越的自然环境：四川盆地土地肥沃，气候温和，雨量充沛，特别是秦朝修建了都江堰水利工程之后，成都平原成了"水旱从人，不知饥馑"的"天府之土"。三国时诸葛亮奖励农耕、发展生

产、兴修水利等，对成都平原的农业是一次重大的推进。因而，成都平原成了中国历史上农业和手工业都十分发达的地区，成了中央王朝的主要粮食供给基地和赋税的主要来源地。

独特的地理位置：天然屏障的地理优势使许多征服者知难而退。据史书记载，当年胡宗南率军入川，后勤人员与作战人员的比例达5∶1，1个兵要有5个后勤人员（运粮挑夫）支持，运1份军粮的过程中要消耗掉5份粮食。一个挑夫在"难于上青天"的蜀道上运的粮食自己就要吃掉70%~80%。后来，胡宗南军队由一天三餐减到两餐，甚至减到一餐，对川作战后勤保障的能耗结构是通常的3~5倍，这几乎是不能承受的。

（3）"上有天堂下有苏杭"粮食意义的特别解读

农业是中国古代社会的经济基础。中国的古代历史，其实就是一部粮食发展史，也是从C3植物逐步向C4植物转变的历史。只有读懂了中华大地上的粮食发展史，我们才有可能真正读懂中国的古代历史。在现代文明中，农业问题究其根本还是能源问题，化肥大规模应用、长途运输和机械化其实都是能源问题。

宋初，水稻开始登场，成为主角。人们发现水稻生长周期短，可以在农田里采用水稻、小麦轮种，这样单位亩产大大增加，而且还减少了休耕的次数；同时，水稻种植需土壤水分较多，避免了农田因为水分大量蒸发造成的盐碱化问题，土地肥力得以保持稳定。

优秀稻种的引入和推广，直接激发宋朝时期中国人口的大爆发，到了北宋时期，国家人口突破了一亿人，水稻功不可没。特别是在南方地区。因为国家的税收来自自耕农，南方地区人口数量增

多，意味着来自南方的税收在国家税收中占的比重越来越大，国家的经济重心自然而然就逐渐转移到了南方地区。

水稻的大量种植，也促使国家人口、税收，乃至整个国家的经济重心开始向南转移，经济重心也从黄河流域过渡到了长江流域。正所谓："苏湖熟，天下足。""上有天堂，下有苏杭"这句话也逐步成为人们的共识。

3. 故事三：马尔萨斯的人口论

1798年，英国政治经济学家托马斯·罗伯特·马尔萨斯出版《人口原理》，其主要思想是：人口如果不加以限制的话，就会以几何级数增长，而食物却只能以算数级数增长，两种级数，有着完全不同的速度，人口的增长要比食物的增长快得多，甚至要无限大于土地生产粮食的能力。

4. 特别思考——光合作用与利用二氧化碳增加粮食收成的思考

全球约3万多种植物经常被人类食用。人类所摄入的卡路里，有八成来源于12种植物，五成来源于水稻、小麦和玉米。小麦、玉米、水稻分别占据全球210万平方公里、200万平方公里和160万平方公里的土地，人类与小麦、水稻、玉米完成了生物史上最伟大的合作，一同成为这个星球生存竞争的最大赢家。现在来看，未来这场太阳能革命可以根本性解决人口与粮食的问题，未来的光合作用效率可以大幅度提高。

从生物学的角度讲，讲粮食就是讲植物，粮食是植物的种子部分，通常是按植物生长量的一半算。目前在所发现的宇宙世界中，植物暂时是唯一在地球这个特殊的星球中出现的特殊现象，并只出现在地球表面的岩石、水、气所形成的特殊界面系统中。植物的生长与存在归结为一个过程——光合作用，此作用可用下述方程表述：$6CO_2+6H_2O \rightarrow C_6H_{12}O_6+6O_2$

这个方程如果从物理意义上理解有两个重要意义：第一，低能态的CO_2和H_2O通过植物的生物作用获得能量（光能）产生了高能态的$C_6H_{12}O_6$；第二，$C_6H_{12}O_6$是非稳定的高能态，人类以及各种生命体系可以利用高能态产物通过光合作用的逆过程获得能量。我们人类文明都是直接、间接依赖这个光合作用的逆过程所产生的能量而演绎出来的。

整个自然界通过光合作用过程得到的太阳能的效率是很低的，整个陆地系统其光合作用效率平均大约为1‰，海洋系统（通过水藻类植物）得到平均大约为0.5‰的光合作用效率。通常的粮食种植系统的光合作用效率平均为2‰左右（以中国为例）。从理论上讲，植物通过光合作用所能得到的最大能量转换率大约为5%，是目前陆地的平均值的50倍，是中国粮食生产系统的光合作用平均效果的20倍左右。因此，从理论上讲，人类提高目前农作物的光合作用效率是大有潜力可挖的，但从目前的农业科学发展水平以及农业发展现状而言，似乎是很难有所作为。在此文中，作者试图探讨一种能够大规模、大范围提高光合作用的办法，从而找到对付中国有可能出现的粮食问题以及能源危机。

目前，传统的农业主要集中在传统的土、肥、水、种、光、温的概念中寻找突破。从目前看来，传统的田间农业发展在此方面已

走到尽头，必须要有方向性的改变，才能有大的突破。

从光合作用基本方程式讲，光合作用的产物跟水与二氧化碳相关，但是在长期的农业活动以及传统的农业中，增产的手段主要集中在水的保证供给中。目前的农业增产中，最大的因素就是水的保证提供方面人类所做的工作。二氧化碳是个几乎没有考虑的因素，在几千年的农耕文明中，懂水的作用，不懂二氧化碳的作用。现代农业科技发展中也基本没有考虑二氧化碳的作用，这一方面是受传统的约束，另一方面也是受条件限制：二氧化碳难于获得以及使用困难，主要是传统的农业经营中如果要使二氧化碳的提供量发生一点改变都会需要天量的二氧化碳供应，几乎是一种不可能实现的事情。

在大气中二氧化碳量是极低的，大约为万分之三，这样低的浓度，根本达不到对植物在光合作用下生长所需要的二氧化碳 的有效供应，实际上这是目前传统农业无法提高与再发展的重要瓶颈，粮食的粮食就是水与二氧化碳。仅保证水的供应而不保证二氧化碳的供应是不对称的。粮食增产的根本途径目前应该找到既能使水供应充分满足，同时又能使二氧化碳供应充分满足，并且在这两个满足条件下，使光合效率提高的各方面因素都得到最佳的匹配。

从理论上讲，如果保证二氧化碳供应，C3类作物在3倍的二氧化碳浓度提高的条件下，光合作用速率都是线性响应关系。也就是说充分保证二氧化碳供应的条件下，有可能300%的增长前景，但实际上保证二氧化碳的供应条件下，仅能获得作物30%左右的增长。主要原因可能在于农作物在千百年形成的遗传特性中，并不完全有大量吸收二氧化碳形成增长的遗传特性，仅在生长的部分过程中表现比较明显。应该说可以在选种中进行培养，通过一定的时间找到适应高浓度 二氧化碳条件下快速增长的作物。实际上侏儸纪以及石炭纪时的大型植物、大型动物存在，就间接证明植物的快速生长，高大植物、茂盛的植物情况存在，植物能能在二氧化碳高浓度条件下快速生长的遗传特性的改变与存在。当时的二氧化碳浓度是现在的2-6倍。

目前我们所处的化石能源时代，集中、大量性使用化石能源，其最重要的负面效应就是二氧化碳大量排放问题。如果将这部分二氧化碳集中起来作为供应粮食的粮食，这就能变害为利，形成正向的正反馈式的循环，收到一举多得的效果。

如果人类使用的二氧化碳直接排放到大气中，对粮食增产的作用是微乎其微。但如果集中起来在局部作用就能收到良好的效果。同时，如果在局部将产生最佳光合作用效率的土、肥、水、种、温的条件匹配起来,将达到传统农业较高的增长效果。通常植物在生长过程中，温度也将起到重要作用，适宜温度与不适宜温度甚至可以影响到100%以上。

因此，中国要对付粮食危机以及能源危机最根本之路就是将二氧化碳的循环利用置于一条新路，这就是：（1）建立以高浓度二氧化碳利用为核心，土、肥、水、种、温最佳配置的设施农业。（2）开展适应于高浓度二氧化碳快速增长的新型农作物产品的培养，要充分利用温室条件下实现一年多季的遗传特性改性的实验，要将一年当几年用，争取10-20年（相当正常40-100年）就有可能培养出

高浓度二氧化碳的农作物新品种。

建设大面积的二氧化碳广泛利用的设施农业，二氧化碳高浓度条件下能实现20-40%之间的增产，以及全天候的作物增长环境，应对可能出现的粮食危机，从而解决中国的粮食问题与土地问题。

另外，设施农业可大幅降低水的使用，在农业生产过程中，用于形成农作物自身所需的水是非常有限的，通常千分之一不到，主要是农作物及土地本身的蒸发与蒸腾两种作用。由于设施农业对蒸发与蒸腾的水可以直接通过夜晚的冷凝过程实现循环，并且由于空气中水的湿度较大，其蒸发、蒸腾量将大为减少。

因此，未来解决粮食问题应该充分依靠新型设施农业，广泛利用高浓度二氧化碳，可以与碳捕捉发展紧密结合。

第四节 三个特殊地理问题

一、北半球与人类文明

（一）地球的特殊运动

因为地球公转时的倾斜角度，导致太阳对北半球的引力更大，又因为陆地在引力的作用下产生漂移，最终导致陆地都集中在北半球，详见如下分析。

地球公转时倾斜角度问题。 因为地球、太阳、银河系中心三者所在的平面，与太阳系绕银河系旋转的平面不一致，地球处在太阳系轨道平面略微偏下的位置，在太阳引力作用下地球就有了一个向上的拉力，这个拉力与银河系对地球南半球的反向拉力相平衡，并且稳定在了与黄道平面23度26分的位置。

太阳对南北半球的引力不一致。 太阳引力在地球倾斜状态下对南北半球的引力不尽相同。

陆地在引力作用下产生漂移问题。 地球有陆地时是一个完全在一起的整体，其漂浮在地球的软流层之上。在太阳引力和地球自转

离心力的作用下，陆地就有向着速度较慢的一方滑动的倾向，这个倾向表现为两种情况：第一、原来在赤道上的陆地，逐渐会向运转速度较慢的两极滑动；第二、太阳引力在北半球比南半球大的条件下，陆地向北漂移比向南漂移要容易得多。在这两种情况的共同影响下，向北漂移的陆地要比向南的多，北半球陆地碰撞产生造山运动和地震火山等现象也比南半球的多。

（二）陆地与人类文明

因地球的特殊运动，使得地球上的陆地多集中于北半球。北半球的陆地面积是9933万平方千米；南半球面积4970万平方千米，亚欧大陆都集中在北半球。北半球的陆地面积大约是南半球陆地面积的两倍左右，且南半球有一个南极洲，无法居住。北半球居住着地球上90%的人口，而南半球只有10%的人口，人口的特殊分布，使得人类文明主要在北半球上演。

未来的文明也会在这个北半球上继续发展，太阳能革命在此展开与延伸，北半球将是太阳能文明的重心。此外，全球性相互的合作也会在北半球这个地方展开。太阳能文明的热点也将在这个范围内，也是人类文明的延续。

二、神奇的北纬30度——文明的开始和延伸

北纬30度的神话。化石能源时代的全球能源的非平衡分布问题是其重要内容，以煤炭为例，煤炭几乎都分布在北纬30度以北的国

家，北纬30度以南的国家除了澳大利亚、南非以外，几乎都没有较大的煤炭资源。南美洲几乎没有煤炭资源，这也是南美洲没有多少发达国家的重要原因——几乎所有经济发展较好的国家都是有煤炭资源的国家，包括资源状况不是非常好的日本，在发展前期国内都有相当的煤炭资源支持其起飞与发展——这至少是一个经典的现象。

地球本身是圆形的，理论上，赤道应该与太阳最近，实际地球绕太阳运行过程中，地球有一个偏转角，形成一个特殊区域——北纬30度以上的特殊区域。这个区域一方面具有适宜人类生存的最好的气候，同时整个地球陆地最大的区域集中分布在这里。此外，很有特别意义的是煤炭这种最重要的化石能源也主要集中在北纬30度以上的地区。人类文明主要上演在这个区域显然与这种特殊的地理特点紧密相关。这种地缘结构是下述基本结果——人种、民族、国家、文化、宗教产生的重要原因。

过去200年，全球化是构建在化石能源的基础上实现的现代化。整个现代化是由西方少数国家主导的，是一个非均衡的全球结构，主要集中在北纬30~40度的地区，以及欧洲西部。显然，这与化石能源主要集中在北纬30度以上的国家与地区有相当关系。

未来的太阳能革命中，这个区域也依然会成为太阳能文明的中心。

三、胡焕庸分界线——中国旧历史与新未来

20世纪30年代，中国著名的地理学家胡焕庸经过细致研究，提出了一条中国东西分界线（史称胡焕庸分界线），即以黑龙江瑷珲到云南腾冲画线，这条线以东居住着中国90%以上的人口，以西居住着不到10%的人口。

这个概念的提出已超过80年，虽然经过近几十年的大规模现代化发展，这个状况基本没有改变，90%左右的人口居住在这条分界线以东，以西的人口还是不到10%。虽然这个人口分布情况过去是制约中国发展的一个瓶颈，但在未来我们可以充分将这种不利之处转变为发展优势——在中国西部地区全面发展大型化、集约化的太阳能基地，成为中国乃至全球最大也是最重要的能源基地。

此外，就全球而言，最终形成全球能源互联体系是必然的，这也是太阳能时代发展的最终结果。在这个全球能源互联体系中，最重要的是东半球与西半球的互联，核心是中国西北部地区的能源基地与美国的能源基地互联。东半球的白天是西半球的晚上，西半球的白天是东半球的晚上，二者互联，可以构成一个24小时的全球太阳能互补供应体系，可以彻底解决太阳能供应的白天与晚上非平衡问题。在这个体系中，中国处于全球能源格局的中心位置，中国西部地区的太阳能发展具有全球意义，同时也具有巨大的发展空间。

第二章 现代文明的特殊物理结构与视角

我们需要从能量视角出发来认识世界，认识能量与经济量的关系，以及对其他各种能量需求的基本认识，从而更好地认识未来世界。

能源革命与工业革命是孪生兄弟，深度认识他们是对历史与未来更好的了解与把握。

现代世界的重要物理结构，是"C"与"Si"的特别结构，这正是过去的能源世界与未来能源世界的重要内容。

第一节 工业革命的再认识

——爱迪生、福特、特斯拉、麦克斯韦的特殊启迪

爱迪生、福特、特斯拉、麦克斯韦是过去200年以来除了爱因斯坦之外，对工业革命、现代文明形成最有影响的四位巨人。

一、爱迪生的故事与成就

托马斯·阿尔瓦·爱迪生（Thomas Alva Edison）是位举世闻名的美国电学家和发明家，他除了在留声机、电灯、电话、电报、电影等方面的发明和贡献以外，在矿业、建筑业等领域也有不少著名的创造和真知灼见。爱迪生一生约有2000项创造发明，为人类的文明和进步作出了巨大的贡献。

19世纪80年代，在交流电发展之前，爱迪生逐渐建立起以直流电为主的电力系统。1884年，特斯拉带着前雇主的推荐信到爱迪生公司工作。特斯拉认为，向用户供电，交流电应该比直流电更好，并表示自己可以制造交流发电机，不过爱迪生不同意特斯拉的观点。1886年，爱迪生在科学理念上与特斯拉的不可调和，以及他对特斯拉的处处阻挠，迫使特斯拉辞职离开了他的公司，并创建了特斯拉电灯与电气制造公司，开始研究交流电。1886年，威斯汀豪斯创办了西屋电气公司并购买了特斯拉的交流电动机专利，在美国推广交流电机发电与交流输电。

真正的电流大战可以说是爱迪生公司与威斯汀豪斯西屋公司之间的对抗。爱迪生一方通过向世人实验交流电电死狗、牛、马以及电刑囚犯等景象来传播交流电的恐惧。1891年5月21日，在一个顶尖的电气工程师会议上，特斯拉向世人展示不戴任何安全链甲或面罩，数万伏的电压通过他的身体，到达他拿着的一盏灯，电通过他的身体没有造成严重的伤害，在此西屋公司依靠特斯拉的才华扳回了一局。真正让直流电彻底败下阵来的是1893年的芝加哥世博会的竞标项目，最初爱迪生的直流电电气系统报价是180万美元，遭到世界博览会组委会拒绝后变为55.4万美元。特斯拉所在的威斯汀豪斯公司用交流电的报价只有39.9万美元，于是西屋公司赢得了项目。此后，爱迪生电气公司渐渐丧失市场份额，财务状况也急剧恶化。

二、福特为世界装上轮子

1913年，亨利·福特发明了世界上第一个流水线生产模式，到了1927年，流水线每24秒就能组装一部汽车。这一创举缔造了一个至今仍未被打破的世界纪录。

　　这种新的生产方式使汽车成为一种大众产品，它不但革命了工业生产方式，而且对现代社会和文化产生了巨大的影响，因此有一些社会理论学家将这一段经济和社会历史称为福特主义。

　　福特汽车公司所在的城市底特律也因此被称为"汽车城"。这不仅标志着现代工业生产体系的诞生，同时也创造了人类史上第一批中产阶级。美国中产阶级的形成，就是福特流水线所带来的工资提高、工时减少的这批雇员，形成了位于贫富之间的新阶层。他们提供了最主要的消费力。亨利·福特被誉为是汽车界的"哥白尼"，这种用于规模生产的现代化生产线，对美国社会生活的影响是全方位的。

　　亨利·福特首创了工人日工资5美元/8小时的标准（当时是2.34美元/9小时），通过加薪打造一个富足的产业工人阶层，进而使得他们有能力去购买从福特流水线上出产的T型车。

　　同时，劳动力的流动率大大降低，福特的工人们开始以在福特工作为荣。5美元引起了一场全国性的人口大迁移。找工作的人在福特公司门前排起了看不到尽头的长队，更令福特惊喜的是，越来越多优秀的技术人员和熟练工人被吸收进厂。亨利·福特所创造的"福特主义"在大制造工业体系内创造了革命性的劳资关系。可见，企业真正强大的是它的员工，而不是它的机器。

　　生产线的诞生、高效的组装流程让福特T型车产量迅速提升，成本大幅下降。在当时一辆汽车制造完成需要700小时的时代里，T型车只需要12.5小时，这对于当时来说简直不可思议。

　　产能增加，成本降低，意味着售价也会相对下降，1910年，福特T型车售价降为780美元，1914年则大幅降至360美元。360美元的价格注定了这将是一辆民众能轻松买得起的汽车。1921年，福特T型车的产量已占世界汽车总产量的56.6%，截至1927年，它的累计销量超过1500万辆，足迹遍布世界每个角落。

福特T型车不仅向世人表达了"国民车"的概念，其更加伟大的成就，则是它影响了全世界造车领域的"生产线"这一概念的形成。因为福特T型车"恐怖"的销量，也使美国得以成为"车轮上的国家"。这是美国能够迅速成为世界第一强国的三大要素之一，亨利·福特也因此被称为"为世界装上轮子的人"。

三、特斯拉的故事

早期的电都是以直流电的形式在普及与应用，大规模、远距离传输与应用电采用直流电有相当困难，发展交流电在电的获得与利用的革命中具有重要意义。

早期的交流电由特斯拉、法拉第、皮克西等人开发出来。其中，皮克西在1832年基于法拉第的原理制造了第一台交流电机。1882年，英国电工詹姆斯·戈登建造了大型双相交流发电机。开尔文男爵威廉·汤姆森与塞巴斯蒂安·费兰蒂开发早期交流发电机，频率介于100—300赫兹。而1891年，特斯拉取得了"高频率"（15000赫兹）交流发电机的专利。

特斯拉虽然不是交流电发动机的最早发明者，但其对交流电的改进如同瓦特对蒸汽机的改进一样，有杰出的贡献。他是最早提出采用交流供电系统的传输电能的人物之一。他的贡献不仅仅是交流电系统，1897年，他使马可尼的无线电通信理论成为现实。1898年，他制造出世界上第一艘无线电遥控船，无线电遥控技术取得专利。现代社会靠机械自动化大幅提高了生产力，可以说特斯拉的自动化技术理念是在工业革命中的一个重要提升。其他发明包括特斯拉线圈、收音机、雷达、传真机、真空管、霓虹灯管、飞弹导航等。

为了向伟大的科学家和工程师致敬，马斯克将公司命名为"特斯拉"。

无疑，特斯拉是伟大的胜利者，但是更为需要顶礼膜拜的是对麦克斯韦。麦克斯韦用理论阐释了电荷怎样才能在自身的周围创建力场，而电磁波又是如何通过这些场来传播，以及尔后赫兹所做的惊人论证，即用设备产生了电磁波并通过检测设备检测到电磁波，这一切直接导致了20世纪通讯的彻底革命。

不仅如此，这一理论还会在不久的将来产生新一轮的智慧革命，星际能源革命，以及对核聚变革命产生巨大作用。

四、麦克斯韦——统一电磁光

从人类历史的长远角度来看，未来的百年甚至千年后，毫无疑问，19世纪最重要的事件将为麦克斯韦对电动力学定律的发现。——理查德-费曼，第二卷；第1讲，电磁学在人类历史上，能够与牛顿、爱因斯坦并驾齐驱的科学家，只有麦克斯韦尔。

在科学史上，牛顿把天上和地上的运动规律统一起来，是实现第一次大综合；麦克斯韦把电、磁、光统一起来，是实现第二次大综合。从某种意义上讲，麦克斯韦做出了几乎是与牛顿并驾齐驱的历史贡献。他以近乎完美的方式统一了电和磁，并预言光就是一种电磁波，这是物理学家在统一之路上的巨大进步。如果没有电磁学，就没有现代电工学，也就不可能有现代文明。

麦克斯韦的思想远远超越了他所生活的时代，当时的人们不相信有电磁波的存在，也不相信他的理论。

麦克斯韦方程可以被认为是量子力学和现代物理学的基础支柱之一，因为它很好地解释了一个事实，即光的传播不需要介质。在19世纪，理论物理学家意识到，麦克斯韦方程有一些解决方案，其中电场和磁场可以在没有电荷的情况下同时存在。这个解是一个振荡的行进波，以每秒299792458米的速度移动。后来进行的一些实验表明，光本身也以完全相同的速度移动。这不是一个巧合，它们是同一种东西。很明显，光并不是什么神奇的实体，我们可以通过操纵电荷来创造光。这导致了人造光源的产生，如收音机（无线电波是光的一种低能量形式）、激光和同步加速器。麦克斯韦的电磁学理论所产生的仅仅是一个想法，能量可以通过电磁波从一个地方传输到另一个地方，在物理学界被证明是惊人的迷人和极其发人深省的。

麦克斯韦方程成功地完成了前辈未竟的事业，成功的统一了"电"和"磁"。麦克斯韦方程获得了与牛顿力学同样的成功，突破了人类对于电磁学的固有认知，同时还揭开了第二次工业革命的序幕，人类开始步入了电气时代。

第二节　现代VS未来：

C与Si两个奇妙元素搭建的特别世界

一、现代世界——C与Si架构的已知现代文明

在人类已知的文明中，过去几十亿年都是围绕碳元素而展开，碳元素构成了最基本的生命形态，碳基分子的运动和变化为碳基生物提供能量等，二战之前，我们处于碳基文明的极盛时期。目前，碳基文明与硅基文明一同架构了多彩的现代世界。

迅速发展的计算机和太阳能光伏电池板都是以半导体芯片为核心的物质形态，其核心构成为硅元素。硅元素与碳元素具有相似的化学性质，都是四价元素。

（一）碳基文明

1. 碳与有机生命体问题

地球上的有机生命体都是以碳元素为核心的有机物所构成。生命的基本单元——氨基酸、核苷酸等是以碳元素做骨架构成，并演变为蛋白质和核酸，然后演化出原始的单细胞，又演化出虫、鱼、鸟、兽、猴子、猩猩，直至人类。这长达三四十亿年的生命交响乐，它的主旋律是碳的化学演变，没有碳，就没有生命。

2. 碳与人类生存发展问题

（1）农业——人类直接获取能量的基本源

人类的能量获取，依赖碳基分子/化学键的运动和变化，碳水化合物构成的食物。从某种程度上讲，粮食就是人类直接获取能量的基本源，甚至可以说是唯一源。

碳循环是人类、地球生命的关键循环。光合作用所催生的生命过程，能量获得过程中最重要因素是碳循环。粮食是植物的一部分，是通过一定时间的光合作用将太阳能转化成人类可接收的碳水化合物所具有的化学能。在这个过程中，植物所获得的能源最大极限是太阳能（光能）的5%，如果只考虑粮食部分，极限是5%的一半——2.5%。

（2）化石能源——推动人类文明发展

化石能源是一种碳氢化合物或其衍生物，由古代生物的化石沉积而来。现代文明是建立在化石能源的基础之上的，化石能源是创造财富的主体。现代文明所创造的财富是化石能源的不同转化形式。

在化石能源时代，人类文明在能源基础上得到了划时代的发展。人类进入化石能源时代，人口数量普遍增长一倍以上，城市化扩展了5~10倍，人均利用的财富量增长了5~10倍，与之相伴的是科学、教育的飞速发展，人类的更多需求得到充分满足，产品的多样化得到充分实现。

（3）有机化工问题

有机化工是以石油、煤、天然气为原材料，生产各种有机原料的工业，是现代工业和现代化生活的基础。主要有三类类产品：合成材料（如塑料、化学纤维、合成橡胶等），有机化工品（如药物主要成分等），特殊用途产品（如化工生产所需的有机溶剂等）。

（二）硅基文明

硅晶体是现代文明的基石，二战之后的军备竞赛推动了半导体科技、计算机和互联网的发展，直接催生了IT革命和光伏革命。我们可以将以硅基半导体为核心的"IT文明"和"光伏文明"称为"硅基文明"。

1. 硅架构的现代体系

硅基体系，主要表现为硅基计算和硅能能源。硅基芯片是IT业的基础，硅基能源是未来能源的基础，二者构成整个现代社会的重要内容。

2. 硅基体系的主要内容

（1）硅基IT产业

自半导体、芯片、计算机和互联网发明以来至今，人类与计算

机似乎也已经融为一体，未来的智慧化发展将以硅基产业为基础，实现人类文明的进步。

（2）硅基能源

即将兴起的太阳能革命，核心是光伏革命，整个光伏革命建立在"硅"产业上，未来的能源体系，主要以硅基能源为基础。

以"硅"为基础的两个产业，既是构成20世纪以来的IT产业的发展基础，也是构成以光伏革命为主的太阳能未来的基础。"硅"在整个人类文明发展中占据重要的基础作用。

"碳"与"硅"两个相似的化学元素，构成了人类文明的重要基础，是一个非常奇妙的人与自然特殊关系。

第三章　全球新焦点：碳中和未来

2021年是"碳中和时代"元年，中国与世界全面步入"碳中和"的伟大征程。

这是一个新未来的开始，碳中和实际上是一种特殊意义的能源革命，也是一次全面系统的新型发展。通过这个发展，最终推动气候问题的彻底解决。

碳中和是一场全球共同行动，是当代全球化的新发展。

第一节　应对气候变化，全球共同行动

一、全球共同行动

全球气候变化已经成为人类发展的最大挑战之一，对全球人类社会构成重大威胁的同时，也极大促进了全球应对气候变化的政治共识和重大行动。气候变化问题自20世纪70年代开始得到广泛研究，80年代逐渐引发全球关注，经过30余年的发展，也逐渐成为各方政治力量角逐的舞台之一。

全球应对气候变化，以1992年通过的《联合国气候变化框架公约》为基本框架，通过《京都议定书》（《联合国气候变化框架公约》补充条款）、《〈京都议定书〉多哈修正案》、《巴黎协定》对2008~2012年、2013~2020年、2020年之后三个阶段的减排行动作出了安排。

2018年10月，政府间气候变化专门委员会发布的报告认为，为了避免极端危害，世界必须将全球变暖幅度控制在1.5℃以内。只有全球都在21世纪中叶实现温室气体净零排放，才有可能实现这一目标。

联合国环境规划署于2020年12月宣称全球共有126个国家确定或考虑实现净零排放目标，其中以法律规定、政策宣示和目标讨论的国家占比超过60%。部分国家的计划及承诺性质见下表。

表1：部分国家的计划及承诺的性质

国家	实现时间	承诺性质	国家	实现时间	承诺性质
中国	2060年	政策宣示	葡萄牙	2050年	政策宣示
美国	2050年	政策宣示	马绍尔群岛	2050年	提交联合国
英国	2050年	法律规定	冰岛	2040年	政策宣示
欧盟	2050年	提交联合国	奥地利	2040年	政策宣示
德国	2050年	法律规定	瑞典	2045年	法律规定
法国	2050年	法律规定	乌拉圭	2030年	自主减排承诺
日本	2050年	政策宣示	丹麦	2050年	法律规定
爱尔兰	2050年	执政党联盟协议	西班牙	2050年	法律草案
智利	2050年	政策宣示	加拿大	2050年	政策宣示
挪威	2050年	政策宣示	新西兰	2050年	法律规定
斐济	2050年	提交联合国	斯洛伐克	2050年	提交联合国
南非	2050年	政策宣示	韩国	2050年	政策宣示
匈牙利	2050年	法律规定	芬兰	2035年	执政党联盟协议
瑞士	2050年	政策宣示	新加坡	在本世纪后半叶尽早实现	提交联合国
哥斯达黎加	2050年	提交联合国	不丹	已实现	自主减排承诺

二、中国特别行动与贡献

中国高度重视应对气候变化，作为世界上最大的发展中国家，中国克服自身经济、社会等方面的困难，实施了一系列应对气候变化的战略、措施和行动，参与全球气候治理，并取得了积极成效。

作为负责任的大国，中国一直积极参与全球气候治理，积极推动共建公平合理、合作共赢的全球气候治理体系，为全球气候治理注入了强大动力。

（一）实施积极应对气候变化国家战略

自"十二五"时期开始，中国持续将单位国内生产总值二氧化碳排放下降作为约束性指标，纳入国民经济和社会发展规划纲要，积极制定实施各项战略、政策与行动，取得了积极成效。

中国积极高效降低碳排放量。 2020年，中国碳排放强度相比2015年下降18.8%，超额完成"十三五"约束性目标；相比2005年下降48.4%，超额完成向国际社会承诺的下降40%~45%的目标，为全球应对气候变化贡献了中国力量。

中国大力推动绿色低碳发展。 新能源、节能环保等战略性新兴产业快速壮大，并逐步成为支柱产业；高技术制造业和装备制造业增加值占规模以上工业增加值比重达46.9%；新能源产业蓬勃发展，新能源汽车生产和销售规模均居全球第一；风电、光伏发电设备制造形成了全球最完整的产业链。

中国注重能源结构调整与节能提效。 2020年，煤炭占能源消费总量的比重已由2005年的72.4%下降至56.8%，非化石能源占能源消费总量比重达到15.9%。同时，煤电机组供电煤耗持续保持世界先进水平，截至2020年底，中国节能改造煤电机组规模超过8亿kW。2011~2020年，中国能耗强度累计下降28.7%。

中国主动适应气候变化。 中国是全球气候变化的敏感区和影响显著区。中国把主动适应气候变化作为实施积极应对气候变化国家战略的重要内容，推进和实施适应气候变化重大战略，开展重点区域、重点领域适应气候变化行动，强化监测预警和防灾减灾能力，努力提高适应气候变化能力和水平。

（二）积极推动共建公平合理、合作共赢的全球气候治理体系

1. 中国积极推动全球气候治理多边进程取得积极成果

2015年联合国气候变化巴黎大会达成了具有里程碑意义的《巴黎协定》。中国为《巴黎协定》的达成、签署、生效和实施作出了历史性的重要贡献。作为《巴黎协定》的重要推动力量之一，中国始终坚持多边主义，坚持《联合国气候变化框架公约》和《巴黎协定》所确定的公平、共同但有区别的责任和各自能力原则。

2. 中国与全球各国开展气候对话和务实合作，取得了显著成效

截至2020年底，中国已与35个发展中国家签署39份应对气候变化南南合作谅解备忘录。中国积极在华开展应对气候变化南南合作

能力建设项目，累计举办200余期气候变化和生态环保主题研修项目，为有关国家培训5000余名人员。

3. 中国以绿色"一带一路"建设引领全球气候治理实践

绿色发展是应对气候变化的根本路径，也是全球气候治理的必然战略选择。绿色"一带一路"建设是中国向世界贡献的国际公共产品，对全球气候治理实践发挥着积极的引领作用。2021年，中国与28个国家共同发起"一带一路"绿色发展伙伴关系倡议，呼吁各国应根据公平、共同但有区别的责任和各自能力原则，结合各自国情采取气候行动以应对气候变化。

（三）统筹推进应对气候变化与生态环境保护

工业革命以来的人类活动，特别是发达国家大量消费化石能源所产生的二氧化碳累积排放，导致大气中温室气体浓度显著增加，加剧了以变暖为主要特征的全球气候变化。中国是拥有超过14亿人口的最大的发展中国家，尚处于工业化、城镇化深化发展阶段，能源资源需求还在保持刚性增长。同时，中国气候类型复杂，区域差异大，易受气候变化不利影响，应对气候变化刻不容缓。

"十四五"时期，是为实现碳达峰、碳中和目标奠定基础的重要窗口期，中国将统筹推进应对气候变化与生态环境保护相关工作，推动二氧化碳排放强度持续下降，加快构建碳强度控制为主、碳排放总量控制为辅的应对气候变化基本制度体系，完善构建应对气候变化标准体系，以及应对气候变化的财税政策、价格政策、政府采购政策等经济政策。

在适应气候变化方面，中国统筹国内、国际两个大局，坚持主动适应气候变化的定位，探索基于自然的解决方案，明确未来15年适应气候变化的主要目标任务、重点领域和区域格局，推动各级政府部门针对脆弱领域、敏感产业、主要区域和重点人群开展适应行动，进一步强化中国适应气候变化工作、提高气候风险抵御能力，助力美丽中国和生态文明建设。

第二节　碳中和的中国主张

一、碳中和的提出

2020年9月21日，习近平总书记在第75届联合国大会一般性辩论上发表重要讲话，承诺中国将提高国家自主贡献力度，采取更加有力的政策和措施，二氧化碳排放力争于2030年前达到峰值，努力争取于2060年前实现碳中和。

二、中国政府的系统行动

2020年10月29日，中共十九届五中全会通过的《中共中央关于制定国民经济和社会发展第十四个五年规划和二〇三五年远景目标的建议》提出：到2035年，广泛形成绿色生产生活方式，碳排放达峰后稳中有降，生态环境根本好转，美丽中国建设目标基本实现。"十四五"期间，加快推动绿色低碳发展，降低碳排放强度，支持有条件的地方率先达到碳排放峰值，制定2030年前碳排放达峰行动方案；推进碳排放权市场化交易；加强全球气候变暖对中国承受力脆弱地区影响的观测。

2020年12月12日，习近平主席在气候雄心峰会上通过视频发表题为"继往开来，开启全球应对气候变化新征程"的重要讲话，在重申中国的双碳目标承诺的同时进一步宣布：到2030年，中国单位国内生产总值二氧化碳排放量将比2005年下降65%以上，非化石能源占一次能源消费比重将达到25%左右，森林蓄积量将比2005年增加60亿立方米，风电、太阳能发电总装机容量将达到12亿kW及以上。

2020年12月16日至18日，中央经济工作会议确定了明年要抓好的包括碳达峰、碳中和工作在内的八项重点任务，指出要抓紧制定2030年前碳排放达峰行动方案，支持有条件的地方率先达峰。要加快调整优化产业结构、能源结构，推动煤炭消费尽早达峰，大力发展新能源，加快建设全国用能权、碳排放权交易市场，完善能源消费双控制度，同时要继续打好污染防治攻坚战，实现减污降碳协同效应。

2021年1月11日，习近平主席在省部级主要领导干部学习贯彻党的十九届五中全会精神专题研讨班上指出，加快推动经济社会发展全面绿色转型已经形成高度共识，而中国能源体系高度依赖煤炭等化石能源，生产和生活体系向绿色低碳转型的压力都很大，实现2030年前碳排放达峰、2060年前碳中和的目标任务极其艰巨。

2021年2月22日，国务院发布《关于加快建立健全绿色低碳循环发展经济体系的指导意见》，明确到2025年主要污染物排放总量持续减少，碳排放强度明显降低，生态环境持续改善；到2035年广泛形成绿色生产生活方式，碳排放达峰后稳中有降，生态环境根本好转，美丽中国建设目标基本实现。该指导意见持系统观念，用全生命周期理念理清了碳循环发展经济体系建设过程，明确了经济全链条绿色发展要求。

2021年3月5日，李克强总理代表国务院在十三届全国人大四次会议上作《政府工作报告》，指出要扎实做好碳达峰、碳中和各项工作；制定2030年前碳排放达峰行动方案；优化产业结构和能源结构；推动煤炭清洁高效利用，大力发展新能源，在确保安全的前提下积极有序发展核电；加快建设全国用能权、碳排放权交易市场，完善能源消费双控制度；实施金融支持绿色低碳发展专项政策，设立碳减排支持工具。

2021年3月12日，《中华人民共和国国民经济和社会发展第十四个五年规划和2035年远景目标纲要》发布，该纲要指出，"十四五"时期，单位国内生产总值能源消耗和二氧化碳排放量要分别降低13.5%、18%；积极应对气候变化，落实2030年应对气候变化国家自主贡献目标，制定2030年前碳排放达峰行动方案；锚定努力争取 2060年前实现碳中和，采取更加有力的政策和措施。

2021年3月15日，习近平主席主持召开中央财经委员会第九次会议时强调，实现碳达峰碳中和是一场广泛而深刻的经济社会系统性变革，要把碳达峰、碳中和纳入生态文明建设整体布局。

2021年4月16日，习近平主席在中法德领导人视频峰会上指出，中国作为世界上最大的发展中国家，将完成全球最高碳排放强度降幅，用全球历史上最短的时间实现从碳达峰到碳中和；中方言必行，行必果，将碳达峰、碳中和纳入生态文明建设整体布局，全面推行绿色低碳循环经济发展；中方将坚持公平、共同但有区别的责任、各自能力原则，推动落实《联合国气候变化框架公约》及其《巴黎协定》，积极开展气候变化南南合作。

2021年4月22日，习近平主席在领导人气候峰会上指出，"双碳"目标是基于推动构建人类命运共同体的责任担当和实现可持续发展的内在要求作出的重大战略决策；中国正在制订并落实相关的计划与行动，支持有条件的地方和重点行业、重点企业率先达峰；同时，严控包括煤电在内的煤炭消费增长并逐步减少，加强非二氧化碳温室气体管控，并将启动全国碳市场上线交易。

2021年4月30日，习近平主席在中共中央政治局第二十九次集体学习时强调，实现碳达峰、碳中和是中国向世界作出的庄严承诺，也是一场广泛而深刻的经济社会变革，绝不是轻轻松松就能实现的；各级党委和政府要拿出抓铁有痕、踏石留印的劲头，明确时间表、路线图、施工图，推动经济社会发展建立在资源高效利用和绿色低碳发展的基础之上；不符合要求的高耗能、高排放项目要坚决拿下来。

2021年5月26日，碳达峰、碳中和工作领导小组第一次全体会议召开，强调双碳目标是党中央经过深思熟虑做出的重大战略决策，是中国实现可持续发展、高质量发展的内在要求，也是推动人类命运共同体的必然选择。要全面贯彻落实习近平生态文明思想，立足新发展阶段、贯彻新发展理念、构建新发展格局，扎实推进生态文明建设，确保如期实现双碳目标。要紧扣目标分解任务，加强顶层设计，指导和督促地方及重点领域、行业、企业科学设置目标、制定行动方案。当前要围绕推动产业结构优化、推进能源结构调整、支持绿色低碳技术研发推广、完善绿色低碳政策体系、健全法律法规和标准体系等，研究提出有针对性和可操作性的政策举措。要狠抓工作落实，确保党中央决策部署落地见效。要充分发挥碳达峰、碳中和工作领导小组统筹协调作用，各成员单位要按职责分工，全力推进相关工作，形成强大合力。

2021年7月30日，中共中央政治局召开会议，会议要求，统筹有序做好碳达峰、碳中和工作，尽快出台2030年前碳达峰行动方案，坚持全国一盘棋，纠正运动式"减碳"，先立后破，坚决遏制"两高"项目盲目发展。2021年10月24日，《中共中央 国务院关于完整准确全面贯彻新发展理念做好碳达峰、碳中和工作的意见》（以下简称《意见》）、《2030年前碳达峰行动方案》（以下简称《方案》）出台。《意见》首次提出"双碳"的"1+N"顶层设计，《意见》是碳达峰、碳中和"1+N"政策体系中的"1"，是党中央对碳达峰碳中和工作进行的系统谋划和总体部署，覆盖碳达峰、碳中和两个阶段；是管总管长远的顶层设计，在碳达峰、碳中和政策体系中发挥统领作用。《方案》是碳达峰阶段的总体部署，是"N"中首要的政策文件，在目标、原则、方向等方面与意见保持有机衔接的同时，更加聚焦2030年前碳达峰目标，相关指标和任务更加细化、实化、具体化。除此之外"N"还包括科技支撑、碳汇能力、统计核算、督察考核等支撑措施和财政、金融、价格等保障政策。这一系列文件将构建起目标明确、分工合理、措施有力、衔接有序的碳达峰、碳中和"1+N"政策体系。

三、国际连锁反应

（一）美国

2021年1月20日，拜登签署文件重返《巴黎协定》，并承诺到2035年通过向可再生能源过渡实现无碳发电，到2050年实现碳中和。提出《清洁能源革命与环境正义计划》《建设现代化的、可持续的基础设施与公平清洁能源未来计划》和《关于应对国内外气候危机的行政命令》。在经济上，新政府计划投入2万亿美元在交通、建筑和清洁能源等领域加大投入力度；在政治上，把气候变化纳入美国外交政策和国家安全战略并加强国际合作；在技术上，加速清洁能源技术创新，推动美国"3550"碳中和进程。具体措施方面，要求联邦机构部门根据相关法律取消化石燃料补贴，挖掘推动创新、商业化及清洁能源技术和基础设施部署的新机会。在交通领域，清洁能源汽车和电动汽车计划、城市零碳交通、第二次铁路革命等；在建筑领域，建筑节能升级、推动新建筑零碳排放等；在电力领域，引入电厂碳捕获改造，发展新能源等。加大清洁能源创新，大力推动包括储能、绿氢、核能、CCS 等前沿技术研发，努力降低低碳成本。鼓励联邦政府暂停在公共土地或近海水域签订新的石油和天然气租约，严格审查公共土地和水域现有与化石燃料开发

相关的所有租赁和许可做法，明确在2030年海上风能的能源产量增加一倍。

2021年4月22日，在40国领导人气候峰会上，拜登政府宣布，到2030年将美国的温室气体排放量较2005年减少50%，到2050年实现碳中和目标。拜登政府正计划大力投资绿色能源产业、新能源汽车等环保产业，以增加美国国内就业机会。

（二）英国

英国于2019年6月修订的《气候变化法案》中确立到2050年实现碳中和，同时在2020年11月，英国政府宣布了"绿色工业革命"计划，包括大力发展海上风能、推进新一代核能研发和加速推广电动车等。2020年12月，英政府宣布最新减排目标，承诺到2030年英国温室气体排放量与1990年相比，至少降低68%。

同时英国制订了一系列的措施：在技术方面，英国发展碳捕获与封存（CCS）这一新兴技术，通过将大型发电厂、钢铁厂、化工厂等排放源产生的二氧化碳收集起来，并用各种方法储存以避免其排放到大气中，使单位发电碳排放减少85%~90%；在能源方面，采取运输和取暖等部门的电气化；能源创新方面，宣布在其10亿英镑净零创新投资组合中增加三项新技术投资项目，即海上浮式风力发电、绿色能源存储系统以及能源作物和林业；金融方面，推出绿色金边债券与绿色零售储蓄产品、建立碳市场工作小组，将英国及伦敦金融城打造成领先的自愿碳市场。

（三）欧盟

2021年6月28日，欧盟完成《欧洲气候法案》立法，将碳排放目标设定为2030年减少到1990年水平的55%，在2050年实现碳中和。

2021年7月14日，欧盟委员会正式提出应对气候变化一揽子计划提案"Fit for55"，旨在到2030年，欧盟的碳排放量将比1990年的水平减少55%。方案包括十二项立法建议，总体目标是在2050年前实现欧盟碳中和。其主要内容包括：提高使用电动汽车、氢能源汽车便利化程度，降低其使用成本；到2025年在欧盟建设100万个电动汽车充电桩，到2030年建设300万个；对汽车实行更为严格的二氧化碳排放限制；自2035年起，禁止销售新的汽油和柴油汽车。对航空业征收化石燃料（煤油、石油、柴油）使用税，在未来十年内逐步提高征税标准。提高可持续航空燃油使用比例，力争在2025年将其占航空燃料比重提升至2%以上，到2050年提升至63%以上。拟在海运领域设立"温室气体强度目标"以及相关机制。将欧盟排放交易体系（ETS）指令的涵盖范围扩大至航运业以外的建筑业和运输业。碳边界调整机制与差价合约将使重点从电力行业减碳转向工业脱碳。同时拟在建筑和交通运输部门建立独立的碳排放交易体系。

（四）日本

2020年10月26日，日本首相菅义伟在向国会发表首次施政讲话时宣布，日本将在2050年实现温室气体净零排放，完全实现碳中和。

2020年12月25日,日本经济产业省发布《绿色增长战略》,针对包括海上风电、燃料电池、氢能等在内的14个产业提出了具体的发展目标和重点发展任务。14个绿色高速增长潜力领域多数集中在交通领域、制造业领域、能源领域、居家/办公领域。在资金方面,通过补贴、监管、税收优惠等激励措施,动员超过240万亿日元的私营领域绿色投资,力争到2030年实现90万亿日元的经济增长,到2050年实现190万亿日元的经济增长。日本政府还将成立一个2万亿日元的绿色基金,鼓励和支持私营领域绿色技术研发和投资。

2021年4月22日,日本政府在40国领导人气候峰会上承诺,在2030年前温室气体排放量较2013年降低46%,并在2050年之前实现碳中和的目标。

第四章　能源革命：光的新希望

人类历史上的五次认知革命（哥白尼~伽利略~牛顿~麦克斯韦~爱因斯坦），"光"都是重要关注点。

"光"正在给人类带来第六次认知革命和全新的能源革命，这是光的新希望！

在能源革命的历程中，人类正在迎来能源革命的新发展——太阳能革命。

第一节　认识太阳能革命

——三位科学家的光伏革命启迪

一、爱因斯坦与光伏革命

（一）相对论VS光电效应

爱因斯坦举世公认的最大成就是"相对论"，但其诺贝尔奖获得提名是"光电效应"。这是科学史上的著名故事：选择"相对论"还是"光电效应"，大多数专家还是选择了"光电效应"作为对爱因斯坦成就的肯定。对此，过去许多人都认为"相对论"应该作为爱因斯坦诺贝尔奖的代表，选择"光电效应"是矮化了爱因斯坦的成就。

显然，就今天能源革命的历史意义而言，如何高度评价爱因斯坦的"光电效应"的伟大作用都不为过。完全可以说，"光电效应"的历史性成就完全不低于"相对论"的历史作用。当年诺贝尔奖评审人的眼光具有历史的巨大穿透力，可以毫不夸张地说，"光电效应"是今天能源革命、光伏革命的指路明灯。

（二）光伏发展

1. 从"0"到"1"

其实"光生电"并不是爱因斯坦首先发现的，早在他提出"光电效应"的量子解读之前的60多年，法国物理学家A·E·贝克勒尔就发现，用两块金属浸入溶液构成的伏打电池，光照时会产生额外的伏打电势。这就是我们"光伏革命"中"光伏"的来源。此后的1873年，英国科学家史密斯发现在硒片上的固态光伏效应。1880年，福里兹制造了第一个固体硒光伏电池。1900年，普朗克提出了量子假说，开创了量子力学。尔后，爱因斯坦提出了光电效应的量子力学解读。此后半个世纪，量子力学获得全面发展，并且在此基础上发展了固体物理、半导体物理，全面奠定了光伏电池的理论基础。

1941年，奥尔发现了硅的光伏效应。1954年，贝尔实验室首次完成晶体硅太阳能电池，效率达到6%。这是太阳能电池发展史的里程碑。整整经过85年的历程，第一个具有历史意义的晶体硅太阳能电池才真正问世。

2. 从"1"到"N"

从第一个具有里程碑意义的科学实验室产品到今天的光伏革命成功，经历了接近70年。期间经过了两个特别周期。

（1）第一个周期：走向产业化阶段

1974~1996年，大约经历25年，主要是发达国家进行的推动，完成了从原理性实验室产品到商业化推广的前期阶段。光伏发展基本

与IT产业在同步推进，光伏电池价格整体下降接近99%，已经具备可以系统推广的条件。其中价格下降最为明显的是前十年，下降幅度超过90%，从20世纪70年代的200美元/W下降到10美元/W。后15年下降较为有限，下降到2~4美元/W，能否继续革命性发展，具有明显的不确定性。对此，中国老一辈新能源专家做了专门总结。

（2）第二个周期：产业化发展阶段

主要是近25年，光伏产业进入了规模化产业化发展阶段。

前十年，由欧美取得重要进展，主要反映在发展机制的引导和国家推动的试验示范工作。其中德国政府的工作具有重大意义：早在1990年底德国就宣布实施了"1000屋顶计划"；1991年，德国通过的《强制购电法》中明确了可再生能源生产商的电力"强制入网""全部收购""规定电价"三个原则；1999年，德国政府实施范围更大的"十万屋顶计划"；2000年德国通过了《可再生能源法》，并于2004年进行修订，施行购电补偿法，根据不同的太阳能发电形式，政府给予为期二十年，0.45~0.62欧元/度的补贴，每年将递减5%~6.5%；2006年，德国以1.15GW的年装机容量成为全球第一；2007年底，德国光伏累计装机容量为3.86GW；2009年3月，德国出台的《关于可再生能源用于取暖市场的措施的促进方针》中指出，通过促进投资扩大可再生能源技术在取暖市场中的份额，并由此降低费用及加强可再生能源的经济应用性，使德国在2015年实现光伏平价上网，光伏发电占15%。

后15年左右，主要由中国完成的最具重要的一步，截至2021年底，中国太阳能光伏发电累计装机容量306GW，比2011年增长138

倍，这是巨大的成就。最核心的成本与技术：晶体硅能耗革命性的降低，综合能耗2009年的40.1kgce/kg-Si降低至2021年的9.5kgce/kg-Si，降幅超过76%。其中2021年多晶硅的平均综合电耗已经降至63kWh/kg-Si。硅片厚度与其他环节都取得巨大进步，新能源光伏革命的前提条件已经全面完成。

显然，一场革命从发端到成功需要一个漫长的历史过程，如果1954年贝尔实验室首次完成晶体硅太阳能电池算起，大约经过70年的过程，人类才走到可以翘首相望能源革命的星空。如果从爱因斯坦的"光电效应"理论提出，已经是百年历史。这个人类文明历史性成就是人类创造与前进的历史结果。我们需要记得这些先驱与历史，特别应该深度感谢这个百年的人类努力，需要紧紧抓住光伏革命、能源革命、碳中和的时代接力棒，书写能源巨变下的中国发展时代与全球时代。

二、黄昆：晶格动力学与中国光伏

（一）晶川的故事

"晶川"是新能源产业中一个不出名的行业内的重要企业，他提供了高端半导体功率元器件IGBT的重要市场供应。"晶川"初看，应该是与四川有关，近距离了解，才知道这是企业家本人对一个重要物理学原理的深刻理解与这个体系的顶礼崇拜："晶格动力，川流不息"。这句话是对"晶格动力学"的最好认识。

（二）黄昆：晶格动力学

在中国国籍的科学家中，如果采取打分或者评选，来决定谁是中国理论学术地位最高的人，应该给的选择一定是中国科学院已故院士黄昆了。事实上确实如此，中国国家科技进步一等奖给的物理领域第一个人就是黄昆，他是中国固体物理学先驱和中国半导体技术奠基人。

1. 黄昆院士与晶格动力学

1947年，黄昆到爱丁堡大学玻恩教授处工作，玻恩将完成用量子力学阐述晶格动力学理论的《晶格动力学》专著的重任交给了黄昆。

1950年9月3日，玻恩在致爱因斯坦的信中说："目前我正在与一位中国合作者做完我一年前开始的关于晶格量子力学的书稿。这一专题工作完全超越了我目前的驾驭能力，如果我能理解年轻人黄昆以我们两人的名义写的任何东西，那对我将是值得高兴的事。但是书中的很多观点需要回溯到我的年轻时代。"

1954年，黄昆与玻恩合作撰写的《晶格动力学理论》在牛津正式出版，一本至今培养了几代物理学家的经典著作，自问世以来在国际上一直是该领域最权威的经典著作。

2. 晶格动力学的系统应用

全球二战以来最大的成就，从基础而言就是"硅革命"。"硅革命"一手托起了IT革命、信息世界70多年的发展，还在创造智慧革命的未来，所有一切都建立在获得与制造出硅纯度为"99.9999999%~99.999999999%"（9N~11N）的"电子晶体硅"

上。"硅革命"另一手是制造光伏硅（7N~8N），这是光伏革命最基础条件。"电子晶体硅"可以不计成本，**而创造光伏革命的"光伏硅"需要成本在"电子硅"条件下革命性下降，这是光伏革命、能源革命成功的关键。中国光伏革命最基础、最成功的工作就是革命性地解决了这个问题。**"硅革命"是整个世界现代化、能源革命的基础，而深度理解这个"硅革命"的重大问题的一个理论基础就需要深度依靠晶格动力学。

晶格动力学推导出了固体中晶体的特殊性能。谈到结构和性能的稳定，想到的首先就是晶体结构，光电性能最优的晶体结构是单晶体。选择晶体、选择最优的晶体结构，是做出高性能光伏电池产品的要害。细节决定成败，晶格动力学理论是最具美学的物理学理论，最有振动力的理论。

对光伏产业的发展，仅是依靠晶格动力学理论，按其基本要义就会选择与判定技术路线的问题所在，是非晶还是晶体，是硅基还是其他。光伏产业有三个代表性企业：通威、隆基、阳光电源。依靠晶格动力学可以判定这三个企业能够成功的核心技术基础。

通威做了光伏产业最核心的部分晶体硅，并且做到了全球性价比最高，这是光伏革命的基础；隆基一直致力于攻克最优的光伏晶体——单晶硅；阳光电源发展成为全球最大的逆变器生产厂商，逆变器的核心器件IGBT也是硅晶体的重要应用，硅晶体最普遍的应用是微电子产业，大功率器件一直是硅基IT产业的瓶颈，IGBT解决了大电流大功率问题。这三家伟大的企业成功的关键都是与晶体、晶体硅紧密相关。

黄昆院士不单是因一位科学家的故事而获得学子们的顶礼膜拜，其也是一个能源革命、光伏革命的最好象征与传奇故事，永远是固体物理的一个传奇神话。

三、陈立泉：快离子导体的中国故事

（一）陈立泉：快离子导体之父

陈立泉院士是中国锂电研究第一人，被誉为中国的"快离子导体之父"，率先在国内研制出锂离子电池，建成了中国第一条锂离子电池中试生产线，解决了锂离子电池规模化生产的科学技术与工程问题，实现了锂离子电池的产业化。2007年，陈立泉院士荣获国际电池材料协会终身成就奖。陈立泉院士曾是中国科学院物理所高温超导材料研究的负责人，首次发现70K超导迹象，研制出世界领先水平的高温超导材料。

（二）中国第一条锂电池生产线

当年第一条锂电池生产线故事具有经典意义：1991年，陈立泉院士以国产技术、设备和原材料为主，建成中国第一条锂电池中试生产线。这条生产线的资金来源于陈院士的学生组织的三个个体户，他们共同凑足了10万元来支持陈立泉院士。当年陈立泉院士筹建这条生产线的资金真是非常不容易——今天回想起这件事情真是一个令人感慨的经典故事。中国的新能源产业就是在这样的艰辛中逐步走向光辉与伟大！

陈立泉院士参与创建的中国快离子导体以及锂电池事业，今天已经发展成为全球最大的产业。其中陈院士所带的博士研究生曾毓群创建的"宁德时代"已经发展成为目前中国A股市场市值最大的新能源上市公司，其所生产的锂离子动力电池占全球市场份额的34%。由陈立泉院士指导的钠离子电池企业"中科海钠"已发展成为当前中国股权市场最热门的投资标的，也是全球最有影响力的钠电池标杆性企业。陈立泉院士指导的固态电池企业"卫蓝新能源"，也是当前中国股权市场的热门标的。"中科海钠"和"卫蓝新能源"的股东都汇聚了当前中国最有影响力的企业。

（三）电动中国

光伏革命是能源获得的基础，解决的是能量的获得问题。能源的使用离不开快离子导体电池。为全面解决中国的能源安全问题，陈院士长期以来呼吁"电动中国"，其中包括固体电池、钠离子电池、换电模式、能源互联网等。"电动中国"包括电动汽车、电动船舶和电动飞机。在碳中和的时代背景下，陈院士呼吁："固态电池大干快上，引领电动中国；钠离子电池并驾齐驱，助推能源互联。"

1. 固态电池

目前的锂离子电池是液体电解质，负极是石墨，正极是含过渡金属的氧化物这类材料。它的能量密度极限是300~350瓦时/公斤，安全事故时有发生，出现着火或爆炸。

固态电池或者全固态电池可以解决上述安全性问题，用金属锂或纳米硅或者硅碳复合材料做负极。正极可以利用现有比较便宜的、含过渡金属的正极材料，同时将来也可以发展不含锂的正极材料，中间的电解质是固态的，可以是氧化物，也可以是硫化物或者聚合物。其能量密度可以高达350~500瓦时/公斤，不燃烧，不爆炸，安全性比较高。

中国科学院物理所从1976年就开始研究固体电解质材料，以后对固体电解质一直没有停止过研究。陈院士团队于2016年成立了卫蓝新能源公司，2018年固态电池能量密度达到了300瓦时/公斤，而且我们进行了样车的试验，2019年在溧阳成立了生产基地，现在固态电池产品已经供给无人机使用，电池安全性都通过了测试。它的原材料都在批量生产，包括硅碳负极，同时固态电池所需要的涂固态电解质材料的隔膜也可以批量生产。

2. 钠电池

锂的含量只有0.0065%，钠的含量达2.75%，相当多。陈院士团队2010年就致力于钠离子电池关键材料和电池方面的研究，2017年成立中科海钠公司。经过约十年的时间，从原材料开始研究，正极材料发现了四五种，负极材料也发现了四五种，最后选定了含铜、铁、锰便宜金属的正极材料以及无烟煤做的碳材料，以保证材料相对低成本。

目前中科海钠公司已经进行了钠离子电池产业研究并做了示范项目。6AH的钠离子电芯，能量密度大于145WH/公斤，能量密度还可以再提高。从零下30度到零上80度可以工作。2019年3月29日，已经演示了世界上第一个钠离子电池储能电站，30kWh、100kWh钠离子电池储能系统已经投入运行。

　　陈立泉院士认为，在中国提出2030年碳达峰和2060年碳中和目标的背景下，大力发展电动汽车，发展太阳能和风能，大规模研究储能、智能电网等技术，在更宽广的领域推动电动化、智能化、网联化等核心技术，有利于中国能源结构转型，保障能源安全，推动生态文明建设及全社会可持续高质量发展。从国家长远发展考虑，提高中国整体电动化水平，实现电动化技术的广泛推广、自主可控、可持续发展，具有十分重要深远的意义。

第二节　认识太阳能革命

——寿光、上海电气、奥博与光热革命

一、寿光："光热"与中国"蔬菜革命"

寿光蔬菜是一个"光热革命"的传奇故事。这个不起眼的事情隐藏着人类最伟大的明天情景——中国的"光热革命"实际上是在寿光开端，未来的"星际文明"非常可能是"寿光光热革命"的放大情景——星际文明核心是要全面、系统解决"热"的温度问题。

中国的"蔬菜革命"的巨大成就，是为了解决中国庞大的蔬菜需求。中国生产了全球蔬菜总量的53%——这是一个不可想象的巨大成就，其中接近一半是由蔬菜大棚生产，蔬菜大棚源于寿光——这就是中国"光热革命"源于寿光的原因所在。

传统的蔬菜大棚光热效率是60%~70%，未来新型光热温室可以达到90%及以上的光热效率。中国的"蔬菜革命"是中国与全球光热革命的先驱。

寿光是冬暖式大棚蔬菜的发源地，所谓冬暖式大棚就是太阳能温室在蔬菜领域的应用，即利用恰当时间差提高蔬菜种植效益，有效利用一年四季。

对于冬季来说，新鲜蔬菜短缺，而消费量并未随季节变化而改变，消费者对于新鲜蔬菜的需求量依然很大。1989年，寿光市孙家镇三元朱村党支部书记王乐义积极发动本村群众搞起了17个冬暖式蔬菜大棚，开展了反季节蔬菜栽培技术的尝试。从那时起，寿光市蔬菜由"季节性露天种植"向"四季常绿，四季有菜"进行了跨越式发展。蔬菜品种不断增加，在很大程度上提高了产量和效率。反季节蔬菜种植在寿光起航，后逐渐延伸发展到周边县市以及新疆、青海、甘肃等全国20多个省、市、自治区。

随着科学的发展和技术的进步，相关农业从业者们在总结经验的基础上不断改革创新，形成了现如今全国遍地"太阳能温室棚区"的局面，实现了农产品全年生产和四季上市。2021年中国蔬菜播种面积约3.2亿亩，产量约7.22亿吨（消费量约5.38亿吨），全球蔬菜产量约13.6亿吨，中国蔬菜产量约占全球产量的53%，中国蔬菜消费量约占全球消费量的40%。

理论上，"寿光模式"即"太阳能热利用"，可以解决全球大致50%寒冷地区的冬季取暖问题和大量的沙漠改造，以及"星际文明"人类在外星球居住的大型系统所需要的温度问题。

二、上海电气：光热发电领域的标杆性事件

光热发电是未来太阳能革命的基本内容，理论上光热发电可以实现45%–50%左右的光电效率，光热发电应该是未来太阳能革命的重要组成部分，"双光"体系可能是太阳能革命的第二代产业体系，可以全面解决光电产出的稳定性。

光热发电的最大瓶颈是两个要素：一是涉及的技术环节过多，技术难度大；二是成本需要有效降低。目前上海电气在迪拜的示范工程已取得光热革命的重大突破性成果，这预示着光热革命将有可以成功的未来。

目前上海电气迪拜项目，还处在中试最后阶段，或者商业发展的最初阶段，这个项目几乎所有的部件都不是系统化、规模化的厂家生产，甚至一些部件还是实验室产品，这预示着在系统化、规模化的方向发展将一定会取得大幅度的成本降低与技术进步——光热革命的未来发展方向。

（一）项目概况：950MW光热+光伏混合电站

2018年12月，上海电气与沙特国际电力和水务公司（ACWA Power）关于迪拜Mohammedbin Rashid Al Maktoum太阳能园区第四期950MW的光热（700MW）+光伏（250MW）混合电站项目的中标电价为7.3美分/kWh（约0.5元人民币/kWh），创下光热发电有史以来的最低价，堪称光热发电领域的标杆性事件。

其中700MW光热电站部分：由1*100MW熔盐塔式+3*200MW槽式组成，配置了15小时熔盐储热系统，确保每天24小时全年不间断供电，与250MW光伏机组有效配合，这也是项目可以创造7.3美分/kWh的全球最低中标电价的重要因素之一。据该项目参与方透露，ACWA电力选择配置3*200MW的槽式光热发电装机，主要是考虑槽式电站在全球范围内应用较为广泛，技术较为成熟。此外，相对塔式技术，槽式电站更能适应迪拜当地的气候条件。

（二）项目评估

1. 发电贡献

3*200MW槽式光热电站将贡献74%的电力输出，100MW塔式光热电站占比14%，250MW光伏电站占比12%。

2. 电站收益

槽式电站将贡献80%的项目收入，塔式及光伏电站收入占比分别为15%和5%，槽式光热发电技术有效地降低了整个项目的融资成本。

7.3美分/kWh的电价由两部分组成：一部分为光伏PV电价2.4美分/kWh，另一部分为光热电站35年购电协议内平准电价8.3美分/kWh。

单就光热电价部分来说，在为期7个月的夏季时间的早上10点到下午4点，购电方DEWA所付电价为2.9美分/kWh，在其他时间段，电价为9.2美分/kWh。可以看出，在下午4点到次日上午10点这段高电价时间，光热电站储能将发挥至关重要的作用，可以保证电站的效益最大化。

三、奥博与光热革命

如果光热革命能够成功，应该与光伏革命的成功有异曲同工之处，这就是大规模的国家支持、规模化的生产体系、系统的全面技术攻关与技术进步——这三个要素是光热革命成功的基点，只有如此，光热产业才能实现大规模降成本、增效益，实现光热技术综合性、集成性的突破，取得光热革命的成功。

基于此，能源革命专家委员会以"奥博"作为光热革命的试验示范突破口，共同进行了这方面的推动，实验示范的一个主要设计就是规模化、系统化发展——提出光热技术领域核心部件"中高温集热管"2000万支产能的设想，这个产能设想是参考光伏发展的成功经验。

光热技术体系如果能做到规模化、系统化，成本将大规模降低，实现50%甚至70%的降低是完全可能的，如果如此光热产业将有一个革命性进展，光热革命一定是有未来的。

青岛奥博能源电力有限公司专注于新能源领域，是国内领先的综合能源解决方案服务商，主要从事光伏、光热产品及系统的技术研发、生产制造、销售和园区综合能源相关的工程设计、施工、运维服务，是国家级高新技术企业。目前奥博繁峙智慧产业园已建设完成年产50万支中高温金属直通管生产线，该生产线是国内首条智能化生产线。

2020年初，能源革命专委会汇聚国内光热科技界和产业界的高端智慧，与繁峙县委、县政府及奥博联合展开光热取暖试点示范，在繁峙、代县、广灵建设运营了3个整村光热取暖试点，成为山西农村取暖绿色化清洁化改造、实现绿色清洁取暖的重要技术路径和方式之一。同时，能源革命专委会负责编制了第一部国家意义的"光热产业发展专项规划"，全面展开光热产业集群建设、光热一体化全产业链发展和光热取暖发电等试点示范等。

2020年底，能源革命专委会联合奥博等光热科技界与产业界，首次提出"光热革命"，一致认同"光伏+光热"是第二代太阳能技术体系的重要内容，光热将在能源稳定性、储能方面有巨大发展潜力。

第三节　能源革命的历史进展

一、人类历史上的能源革命

革命的基本意义是两点：一是变化的内容与形式；二是产生的影响力。就内容与形式而言，革命具有颠覆意义、否定意义，并且将建立新的形式与内容。此外，革命还将产生连带的影响力，对于相关领域都会产生相应的影响。这种影响有革命的，也有非革命的。能源革命是人类历史上最根本的革命，是影响力最大的革命。真正意义的能源革命，人类历史上只发生过两次或者三次。

（一）第一次能源革命

第一次能源革命是植物能源代替动物能源，成为人类社会所依赖的主体能源。这场革命发生在一万年前到五千年前之间，人类社会由狩猎文明实现了向农耕文明的转变。这场革命是人类历史上最具影响力的革命，实现了由原始社会向文明社会的转化。城市、语言、国家、法律、制度、市场、商品、社会分工等文明的基本要素得以产生。经济水平实现了革命性的提高，财富总量实现了10倍到100倍左右的增长，人口增长也在10倍到100倍之间。人类由原始居住方式向定居式居住方式转变，人的寿命大幅延长，生存环境、生活环境有了根本性改变，人类由此开始进入文明时代。

（二）第二次能源革命

第二次能源革命是化石能源代替植物能源，成为人类社会所依赖的主体能源。这场革命发生在1820年前后，持续到现在已经约200年，创造了整个现代文明或者工业文明。这场革命的直接结果是人类创造的财富总量大幅增加，目前已经达到19世纪20年代的70倍以上。

这场革命实现了丰富多彩的发展。人类实现了交通革命——汽车、火车、飞机代替了马车、牛车。除此以外，电话、计算机、网络代替了飞鸽传书，现代化城市代替了乡村小镇，革命在各个方面展开。工业革命、现代化革命是表，其实质是能源革命，所有财富都直接、间接来自以能源为核心的资源。

如果将化石能源时代分为两个阶段：第一个阶段是19世纪20年代至20世纪50年代，人类依靠煤炭作为主要能源；20世纪50年代到现在是第二个阶段，人类依靠石油作为主要能源，在这个阶段出现了汽车、飞机、石油化工等，同时可利用的能源总量大幅上升，使革命的广度、深度都有根本性的发展。

二、中国即将引领的全球第三次能源革命——太阳能革命

目前人类需要开展一场深刻的能源革命，以解决能源供应的可持续问题和二氧化碳排放产生的气候问题。目前看来解决这两大问题的根本路径将是太阳能革命，这也将是由中国引领的全球第三次能源革命。

（一）光伏发展历程

光伏发展已有一百多年的历史，大致走过了三个阶段。

第一个阶段：技术体系原理完善，经历了大约70年。

第二个阶段：从实验室到商业化前期的过程，经历了大约四十年，这个过程中基本解决了大规模发展光伏所面临的基本问题，即技术、生产体系、价格以及市场环境等问题。其中，仅是价格就从最初的200美元/瓦左右降到2~4美元/瓦。

第三个阶段：规模化发展光伏产业，经历了大约二十年。其中第三个阶段是最关键的，核心是由中国企业展开的推动，目前已经取得了革命性成果。光伏产业已经发展到可以推动能源革命实现的地步。主要有两个标志。一是价格已经基本可以实现平价上网，与化石能源可以直接展开价格竞争；二是产业发展的基本条件全部成熟。

（二）光伏产业主要贡献国家

光伏产业走到今天这个地步，三个国家发挥了极大作用：美国、德国、中国。

1. 美国

整个前期过程中，美国在各个方面都发挥了主导作用。

2. 德国

在光伏产业突破发展瓶颈的过程中，德国起了关键作用，倡导了国家主导的支持模式，采用了上网电价法，这是推动光伏产业革命性发展的关键措施。德国通过这种方式实现了光伏产业的革命性发展，使规模化发展光伏产业成为可能。规模化发展光伏产业有两个直接结果，一是系统化完善了光伏产业体系，二是有效突破了对光伏发展的约束。从微观看，规模化的直接结果是有效促进了产业的技术进步、管理进步，有效解决了光伏发展的瓶颈问题，大规模降低了价格。从宏观讲，产业规模化发展的同时会大规模促进价格降低，在光伏产业发展进程中，有一个光伏产业的摩尔定律——规模增加一倍，价格下降20%。

3. 中国

在最近的15年中，中国在光伏产业发展过程中脱颖而出，成为继美国、德国后的光伏产业的领跑者和主力军，成为推动全球光伏产业进入光伏革命的关键力量。二十年以前，中国的太阳能产业刚刚起步，短短二十年间，中国企业全面登上太阳能历史舞台，并且全面领导全球太阳能产业。二十年前晶体硅的最高价格达到300万元

/吨，如今已经降至4万元/吨以下，降幅超过95%。逆变器等电子控制部分在短短近十年的时间里，价格降低了90%左右，已经由过去占组件成本的10%~20%降低到5%左右。这一切成就可以在极大程度上归结为中国企业的贡献。中国企业在这一过程中扮演了主力军、颠覆者、创造者、引领者的角色。

（三）全球光伏"平价上网"时代到来

光伏发电成本持续下降，正在全球范围内大规模实现"平价上网"。在光伏产业技术水平持续快速进步的推动下，光伏发电成本步入快速下降通道，商业化条件日趋成熟，与其他能源相比已经越来越具有竞争力。目前全球光伏产业已由政策驱动发展阶段正式转入大规模"平价上网"阶段，光伏发电即将真正成为具有成本竞争力的、可靠的和可持续性的电力来源，从而在市场因素的驱动下迈入新的发展阶段，并开启更大市场空间。

1. 中东、巴西等地概况

目前沙特、巴西、葡萄牙、卡塔尔、阿联酋等国多个光伏发电拍卖和购电协议（PPA）价格已低于2美分/度。2021年4月，沙特AI Shuaiba光伏项目以1.04美分/度的低电价再次刷新全球新低记录。

2. 中国概况

我国光伏发电成本也有了大幅降低。目前，我国光伏发电成本已降到0.3元/kWh以内，预计"十四五"期间降到0.25元/kWh以下，低于绝大部分煤电。

3. 全球光伏发电加权平均成本

根据国际可再生能源机构（IRENA）《2019年可再生能源发电成本报告》，2010~2019年全球光伏发电加权平均成本已由37.8美分/度大幅下降至6.8美分/度，降幅超过82%，2019年全球56%的新建集中式光伏项目发电成本已低于最便宜的化石能源发电成本，并且未来仍有较大下降空间。

第五章　太阳能革命：中国与全球行动

2030年之前，将是全球太阳能革命爆炸性发展的关键时期，其核心是光伏革命。

光伏革命将是中国未来发展最大契机，中国将是全球未来光伏革命的中心与策源地，具有举足轻重的作用。

太阳能革命将是未来全球能源革命的新发展、新任务。

第一节　中国光伏企业引领的光伏产业革命

欧美等发达国家光伏产业起步早且技术较为领先，但受中国等企业竞争的冲击，其在光伏产品制造领域已基本丧失成本竞争力，目前主要在高端设备以及基础和前沿技术研发方面占据领先优势。

中国太阳能光伏产业虽起步略晚，但凭借良好的产业配套优势、人力资源优势及成本优势等，从2004年开始迅速发展壮大，目前已形成了从高纯硅材料、硅片、电池片/组件到系统集成的完整产业链，在产品制造环节竞争优势明显。

截至2021年底，中国已连续15年位居全球光伏电池/组件产量首位，多晶硅产量连续11年位居世界第一。同时中国光伏产业技术水平也不断提升，电池转换效率多次刷新世界纪录，产业化应用达到世界领先水平，主要光伏生产设备及配套材料已基本完成国产化替代，并逐步在高端设备领域实现突破。太阳能光伏产业已成为中国具有国际竞争优势的战略性新兴产业。

一、中国光伏产业总体发展历程

中国光伏发展实际历程基本与世界发展同步。

1958年，中国开始研制太阳能电池。1959年，中国科学院半导体研究所研制成功第一片具有实用价值的太阳能电池。1971年3月，在中国发射的第二颗人造卫星——科学实验卫星"实践一号"上首次应用太阳能电池。1973年，在天津港的海面航标灯上首次应用14.7W太阳能电池。1979年，中国开始利用半导体工业废次硅材料生产单晶硅太阳能电池。1980~1990年，中国引进国外太阳能电池关键设备、成套生产线和技术。到20世纪80年代后期，中国太阳能电池生产能力达到4.5MW/年，初步建立了中国太阳能电池产业。

光伏产业真正作为一个产业在中国发展起来，主要是2005年以后。时至今日（2021年底），中国光伏产业链的各环节产能在全球占比均超过80%。

简短总结：中国光伏产业迅猛崛起最主要的原因是以下几个方面：德国及后来欧洲其他国家的光伏市场直接拉动；德国、意大利和美国等制造设备和技术的引进，以及不断地消化吸收；中国政府高瞻远瞩和鼎力支持；一批拥有真才实学的海归学者回国创业，他们和本土企业家一起敏锐地进行投资并快速反应。

二、2010年前中国光伏产业的特征

2010年之前，中国光伏产业存在的严峻问题大致可概括为：产业结构畸形，即两头在外。尽管在2004~2010年期间，中国太阳能光伏产业发展迅速，但是仍然没有改变"两头在外"的畸形产业结构。

2008年，中国光伏系统安装量为40MW，占全球总安装量的比率仅为0.73%。而在2007年，中国光伏系统安装量为20MW，占全球总安装量的比率为0.8%。而传统光伏大国德国2008年的光伏系统安装量1500MW，占全球总安装量的比率达到27.27%；欧洲另一光伏大国西班牙的安装量则达到2511MW，占全球总安装量的比率高达45.65%。

与中国光伏系统安装量极少相对应的是，中国光伏产品的产量已经稳居世界头把交椅。2008年，中国光伏电池产量达1.78GW，占全球总量的26%。而从市场占有率来看，中国太阳能电池厂商（包括中国台湾）的市场占有率逐年提升。2007年，中国太阳能电池厂商市场占有率由2006年的20%提升至35%；2008年则更进一步，大幅提升至44%。连续两年成为世界第一。终端市场在外且主要集中在欧洲，已使中国光伏制造厂商在金融危机中遭遇到了极大打击。

与终端市场相对应的是，上游的多晶硅产业的提纯核心技术主要掌握在国外七大厂商手中，包括美国的"Hemlock"，挪威的"REC"，美国的"MEMC"，德国的"Wacker"，日本的

"Tokuyama""Mitsubishi Material"和"Sumitomo Titanium"。他们垄断了全球的多晶硅原料供应,获得了太阳能产业最丰厚的利润。

从2006年下半年开始,多晶硅概念在国内逐渐升温,许多上市企业纷纷涉足其中。A股中投资多晶硅的企业包括南玻A、川投能源、天威保变、特变电工、江苏阳光、乐山电力、岷江水电、通威集团、航天机电、桂东电力、银星能源等10余家。2008年,虽然遭遇金融危机,但很多企业仍然逆市扩产。2008年11月底,江苏顺大一期1500吨多晶硅项目正式投产;12月底,江苏阳光一期1500吨项目、南玻A1500吨生产线分别投产;2009年1月,亚洲硅业1500吨生产线举行投产仪式;4月,江苏中能13500吨产能全部投产。

在国内企业不断掀起的多晶硅投资热潮中,2009年,国际多晶硅远期合同加权平均价格比2008年下跌30%至107美元/千克,现货价格则在2009年5月已跌至60~70美元/千克。国内的多晶硅成本普遍在50~70美元/千克,个别没有闭环式生产的公司,成本高达100美元/千克。在此阶段,中国在太阳能电池关键领域晶体硅生产开始发展。在发展初期,晶体硅领域是竞争最为激烈的领域。此时,国内甚至全球光伏产业都还是明显的"政策市"阶段。从国外光伏产业的发展经验来看,在政府出台相关财政补贴或电价上网政策后,行业基本都出现了爆发性的增长,比如德国、西班牙等。

2006年1月1日起,中国实施了《中华人民共和国可再生能源法》,极大地促进了中国光伏行业的发展。2009年3月26日,国家财政部、住房和城市建设部联合发布了《太阳能光电建筑应用财政补助资金管理暂行办法》。这一政策的出台,结束了长期以来中国太阳能企业未享受国家补贴的历史，极大地促进了中国光伏市场的启动与发展。

三、中国主力军作用

中国在2008~2021年这个阶段完成了太阳能产业的全面超越，确立了全球太阳能产业发展的主力军地位。

（一）生产领域

1. 晶体硅产能及产量

截至2021年底，中国晶体硅总产能为51.9万吨/年，全球占比约77.3%。2021年中国晶体硅产量约为50.5万吨，约占全球总产量的80%。

2. 硅片产能及产量

截至2021年底，中国硅片总产能为417GW/年，全球占比约98.8%。2021年中国硅片总产量约为227GW，约占全球硅片总产量97.3%。

3. 太阳能电池产能及产量

截至2021年底，中国太阳能电池片总产能为360.6GW/年，全球占比约85.1%。2021年中国太阳能电池产量约为198GW，约占全球总产量的88.4%。

4. 光伏组件产能及产量

截至2021年底，中国光伏组件总产能为359.1GW/年，全球占

比约77.2%。2021年中国光伏组件产量约为182GW，约占全球总产量的95.7%。

（二）市场领域

2009年中国新增光伏装机容量0.373GW，占全球5%；2021年新增装机容量54.88GW，全球第一，约占全球32%。2021年中国累计装机容量达306GW，占全球的36.35%。

（三）技术进步

主要体现在三个核心指标上：

1. 晶体硅能耗指标

15年前，中国晶体硅生产的电耗在180度/千克的水平，目前已经低于60度/千克，降低70%左右。

2. 电池晶片厚度

指标也大幅降低，降低在60%以上。

3. 整个光伏发电系统

各个部分都有较大的进步，整体电池组件价格比15年前降低超过70%。

四、中国光伏企业家的价值与贡献

诺贝尔经济学奖获得者、"欧元之父"蒙代尔曾经说过："企业家至少和政治领袖同样重要。那些伟大的企业家们，曾经让欧洲变得强大，让美国变得强大，也正在让中国变得强大！"

追溯历史不难发现，近代以来，一代一代的企业家们非常伟大地推动了近一两百年来的工业革命和社会进步，全球的重大革新几乎都发端于企业。离开了企业甚至不会有现代社会，更无法获得绝大多数的商品和服务。可以说，企业早已渗入到了社会发展进步的血脉之中，深深地影响着现代社会的根本秩序。

改革开放40多年来，中国诞生了一批又一批有理想、有抱负、有担当的企业家，他们推动着中国经济车轮往前转动。

纵观中国光伏产业的整个发展过程，每一步发展都实属不易。先靠吸收、引进、追赶，最终依靠自己努力进取，不断突破和提高，实现了超越，站在了能源革命这个历史舞台的中央。

中国出现了"光伏奇迹"！我们认为无论怎样评价都不为过，我们可以把它看成是人类能源革命史上最为壮观的事件之一。而且中国的光伏崛起不是计划经济时代的强制与被迫，是靠改革开放所带来的发展环境，靠国家的产业政策，靠一大批民营企业家的家国情怀与时代担当。到目前为止，中国的光伏发展只用了约15年时间，实现了全面超越和领先，如果再往下发展二三十年，中国完成了自己的太阳能革命，就意味着全球20%的人口能够进入现代文明时代。这个力量非常强大和伟大。到那时，光伏产业不只是国家支柱产业，还将带动一大批相关产业联动发展，中国还有可能在人类文明现有基础上发展出新的增长方式，创造新的工业文明和灿烂文化。

在经济社会转型升级背景下，在众多荣誉面前，在全球领先的

各项指标中，以民营企业为主体的中国光伏集群也在悄然间完成了自己的"超越"。

当我们重新回顾和审视这一大批有担当、有格局、有情怀的光伏企业家们，对人类、对社会所做贡献的时候，全社会应该为这个时代的英雄群体点赞。当人们在抱怨汽油涨价和雾霾来袭的时候，他们却在为明天的改变思索、苦斗、创造，成为当下中国光伏企业家群体重要的时代标签——中国式倔强和中国精神！

在中国众多光伏企业中，通威集团的光伏之路引人注目：

通威成立于20世纪80年代，在未进入光伏产业之前，他们朴素的内心就是直接向市场推出健康安全的"通威"牌饲料和绿色生态的"通威鱼"。通威要打通的是中国食品安全问题的破解之道，守住食品安全的大门。

就在企业积累了一定财富可以安稳守成的时候，2006年，通威集团开始挥师进军尚有一定风险且需要大投入的太阳能多晶硅行业。

通威是中国少有的一类企业，有梦想，有格局，有情怀，有担当。他们完美地实现了传统企业的转型升级，坚守两个安全：一个是最基础的食品安全，一个是最高端的能源安全。他们为此执着守望。通威的信念与担当，孕育了"通威精神"，"通威精神"成就了"通威速度"。

目前，通威正秉承"为了生活更美好"的企业愿景和"追求卓越，奉献社会"的企业宗旨，坚定不移发展绿色农业和绿色能源。在新能源主业方面，通威已成为拥有从上游高纯晶硅生产、中游高效太阳能电池片生产，到终端光伏电站建设与运营的垂直一体化光伏企业，形成了完整的拥有自主知识产权的光伏新能源产业链条。

在新能源产业链上游，通威旗下永祥股份拥有四川乐山、内蒙古包头、云南保山三大高纯晶硅生产基地，已打造出了全球单体规模大、综合能耗低、技术集成新、品质优的生产线，高纯晶硅产能已达23万吨/年，全球领先。公司产品质量、综合技术指标、生产成本行业领先，产品99%以上满足单晶需要，部分达到电子级半导体硅材料质量标准，实现了高纯晶硅"中国智造"，彻底改变全球高纯晶硅行业竞争格局。公司产能预计2023年底达到35万吨，进一步巩固高纯晶硅全球龙头地位。

在产业链中游，通威太阳能深度切入太阳能发电核心产品的研发、制造和推广。公司已成为全球光伏行业工艺技术和生产设备最先进、自动化和智能化程度最高、规模最大的晶硅太阳能电池生产企业。目前，通威太阳能拥有合肥、双流、眉山、金堂四大基地，电池年产能超过54GW，连续6年成为全球产能规模和出货量最大、盈利能力最强的太阳能电池企业。根据公司产能规划，2023年，通威太阳能将形成80-100GW产能，进一步夯实全球最大、最具竞争力和影响力的太阳能电池片生产企业地位。

在产业链终端，通威将光伏发电与现代渔业有机融合，于全球首创"渔光一体"发展模式。目前，通威在全国多个省市开发建设"渔光一体"为主的电站51座，累计装机并网规模达3.12GW，优质而清洁的光伏电力正源源不断地惠及千家万户。作为中国乃至全球唯一一家同时涉足农业和新能源光伏产业的龙头企业，通威真正实现

了农业和光伏高效协同发展，并将最终成为全球领先的绿色农业和绿色能源供应商。

通威集团已经发展为深耕绿色农业、绿色能源的大型跨国集团公司，系农业产业化国家重点龙头企业。集团现拥有遍布全国各地及海外地区的300余家分、子公司，员工近5万人。旗下上市公司通威股份年饲料生产能力超过1000万吨，是全球最大的水产饲料生产企业及主要的畜禽饲料生产企业，水产饲料全国市场占有率连续20余年全国领先。2022年，通威股份市值最高超3000亿元，通威品牌价值突破1600亿元，连续多年荣列"中国企业500强"。

第二节　中国将继续引领的光伏产业革命性发展

一、未来世界的能量来源——全面进入光伏时代

2030年之前，将是全球光伏革命爆炸性发展的关键时期。影响未来光伏产业革命性发展的基本问题，主要是光伏电池价格问题将得到根本性解决。从目前看，太阳能电池涉及的主要环节的成本，都可以有一个较大幅度的下降。综合下降幅度应该可以达到20%~30%，甚至更大。完全可以实现平价上网。

此外，光伏革命可能还存在另外的推动力，即未来化石能源还存在着一个可能的涨价周期。从目前看，全球推动化石能源涨价，特别是推动石油涨价的各种力量、各种势力非常强大。这些力量和势力在过去50年中，一直是主导全球石油政治、能源政治、国际政治的核心力量。这些力量不会轻易退出历史舞台，他们还会在未来的能源大格局中体现他们的存在，维护他们的利益。目前全球石油出口体系试图形成空前的团结，他们的目标非常清楚，就是尽力地保持维护他们的利益，推高油价是他们的基本目的，油价出现新一

轮上涨，是大概率事件。当然，非常可能的是下一轮石油涨价、能源涨价将是最后一次，也是石油国家最后一次行使他们的强大统治力。这一次石油涨价、能源涨价将是不可持续的化石能源时代终结的钟声，与旧时代告别的挽歌。在此背景下，能源革命、光伏革命将从另一个角度获得动力与爆炸性发展。

二、未来全球光伏发展

发展光伏产业有一些特殊要求，一是需要有很好的光照资源，二是需要占地面积。这两点对许多国家和地区而言，都存在着发展局限性。欧洲、日本、韩国以及相当多的国家与地区，由于土地自身原因，只适宜搞屋顶分布式光伏。如果仅通过屋顶分布式光伏的方式，太阳能发展将非常有限。以德国为例，德国一个家庭的分布式光伏装机量是3~4kW，也就是说，人均安装1kW光伏系统，是当今人均电力需要的1/4左右，相当于现代化水平下人均能源需求的1/8到1/12。这是一个非常有限的能源量。

全球光伏革命的未来，将是一个区域与空间非平衡的发展格局，特别是西欧与缺乏规模化发展光伏产业的国家与地区，不具备全面展开光伏革命的条件。而具备全面、大规模发展太阳能电站能力的地方，又不完全具备发展与输送的能力，更达不到全球互联、互通的条件。全球未来太阳能体系的互联、互通是基本要求的格局，也是全球太阳能革命的基础。实现这一格局目标的前提条件是新型的高度全球化发展得以实现。

全球某些国家与地区，既具备发展以屋顶为主体的分布式光伏体系的条件，同时又具备发展集中式大型太阳能光伏电站的条件。这种国家全球不多，目前条件最好的是中国，其次是美国，印度也有一定的可能性。

未来，全球的太阳能革命应该会出现一种时间、空间的非平衡发展格局，会有一个20~30年的过渡期。这个过渡期可能要面临两个问题前景：一是高度全球化发展得以实现，互利、合作、共赢的格局全面形成；二是太阳能革命已经成为大势所趋，旧势力格局被全面打破。这个过程需要20~30年的过渡期。过渡期需要解决全球能源互联问题，这主要需要东半球与西半球实现互联，两个半球互联的核心国家是美国与中国，但互联必须经过俄罗斯，短期内达成一致并不是一个易于解决的问题。

全球光伏革命达到一个理想的境界还需要一个过程，需要相关各方面问题都得到解决与协调才能完成。

三、未来中国光伏发展

光伏革命将是中国未来发展最大契机，中国将是全球未来光伏革命的中心与策源地，在未来的光伏革命中具有举足轻重的作用。上述结论主要源自中国具有以下四大优势。

（一）光伏革命的资源优势

中国西部地区占中国国土面积的60%左右，接近两个印度的国土面积，是印度非农耕地面积的5倍左右，是美国光照资源最好的地区之一——得克萨斯州土地面积的10倍左右，是中东光照资源最好的地区——沙特面积的3倍左右，是北非光照资源最好的地区——埃及土地面积的6倍左右，整体面积超过世界光照资源最好的几个地区面积的总和。虽然中东、北非大量的区域属于高度沙漠化的地区，但真正能够用于发展太阳能的土地面积仍比较有限，整个北半球区域范围内可以大规模发展太阳能的地区中，中国面积最大，超过或者相当于整个北半球其他地区面积的总和。就此而言，中国未来可以发展全球最大的集中式太阳能生产基地，成为未来太阳能时代全球最大的能源大国、太阳能大国。

以农耕的观点看，这些地方缺雨、干旱，不适宜农业发展与居住。中国著名的地理学家胡焕庸在20世纪30年代经过细致研究，提出了一条中国东西分界线（史称胡焕庸分界线），即以黑龙江瑷珲到云南腾冲画线，这条线以东居住中国90%以上的人口，以西居住不到10%的人口。这个概念提出已超过80年，虽然经过新中国成立以来几十年的大规模现代化发展，但是这个状况基本没有改变。虽然这个人口分布情况在过去是一个制约中国发展的瓶颈，但在未来，我们可以充分将这种不利之处转变为发展优势——在中国西部地区规模化全面发展大型化、集约化的太阳能基地，成为中国乃至全球最大最重要的能源基地。

此外，就全球而言，最终形成全球能源互联体系是必然的，这也是太阳能时代发展的最终结果。在这个全球能源互联体系中，最重要的结构是东半球与西半球的互联，核心是中国西北部地区的能源基地与西半球美国的能源基地互联。东半球的白天是西半球的晚上，而西半球的白天是东半球的晚上，二者互联，可以构成一个24小时的全球太阳能互补供应体系，可以彻底解决太阳能供应的白天与晚上非平衡问题。在这个体系中，中国处于全球能源地缘格局的中心位置，中国西部地区的太阳能发展具有全球意义。因此，中国西部地区太阳能发展具有重要战略意义，同时也具有巨大的发展空间。

（二）中国市场优势

目前，中国是全球最大的能源市场。未来中国的能源市场总量将是美国的2~3倍。在未来太阳能时代，太阳能的市场极大，就能源革命而言，太阳能总量应该占整个能源供应量的70%~90%。如果以人均4吨标油计算，中国太阳能发展总量应该具有18~42亿吨标油相应的水平，以平均太阳能每年发电1500小时计，需要36~84亿kW。在太阳能时代，中国极有可能取代中东，成为主要能源出口大国。如果考虑向世界出口中国产量的30%~50%，那么中国未来需要发展建设50~120亿kW的太阳能电站基地。

从中国的能源需求来看，无论是短期还是中长期，中国都将是太阳能方面的最大市场，无论是需要还是可能的发展空间，都远远超过世界任何国家。就此而言，巨大的市场优势将是中国未来太阳能发展的核心优势，或者说是第一优势。

（三）中国制度优势

中国国家治理优势在全球非常突出。中国几千年来一直存在着大一统的国家治理体系，在举国动员方面，有着传统的经验与成就。过去2000多年，世界上几乎所有国家的治理模式都是以分封制为核心的治理体系。只有中国从秦代以来，历朝历代都是实行的中央集权制，县、郡、省的三级治理结构。中国这种大一统治理机制，在中国共产党领导下，具备了更强大、更现代的制度优势，这是中国能够在30多年中取得惊天动地成就的重要因素，是未来推动能源革命、太阳能革命取得大成就的重要制度保证，也是未来太阳能事业发展、能源革命的重要推动力量。能源革命是未来中国的大事，也是全球的大事。在充分发挥企业家作用的条件下，实现举国一致的动员机制与发展机制推动能源革命，是非常必要的，也是潜力巨大的。

（四）中国企业优势

在30多年改革开放中，中国取得举世瞩目的成就，最重要的因素是中国企业、中国企业家发挥了特殊作用。中国企业家的勤劳、勇敢和拼搏精神是中国企业发挥巨大作用的内在因素，中国太阳能产业发展历程充分验证了这种企业家精神的巨大作用。二十年前，太阳能领域里排名前十位的企业中没有一家是中国企业；二十年后，全球前列的光伏企业中已基本没有海外企业（排名前十的光伏企业中海外企业不到三家）。中国企业在光伏太阳能领域又一次创造了奇迹。

第三节　全球光伏产业现状及相关总结

一、全球光伏产业发展现状

（一）全球光伏产业保持高速增长

全球光伏产业保持较高速增长。自1998年起，年平均装机增长率为 42.75%。2008~2011年全球光伏年度增速50%~80%；2020

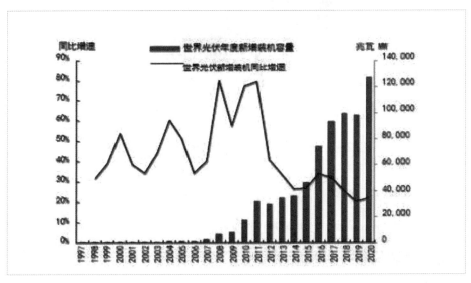

图1　全球光伏年度新增装机容量及增速

年光伏新增同比增速为19%，尽管增速降低，但新增装机容量创新高，全年新增装机容量约13.3万兆瓦，占全球光伏总装机量84.3万兆瓦的16%。

1. 光伏装机主要集中在少数发达国家及个别发展中国家

截至2021年底，中国、美国、日本、德国、印度、西班牙、法国累计贡献了超过70%的全球光伏装机量。中国以30.6万兆瓦的总装机量占世界份额的36%，欧盟装机15.8万兆瓦占比19%，其中德国装机5.85万兆瓦占比7%。

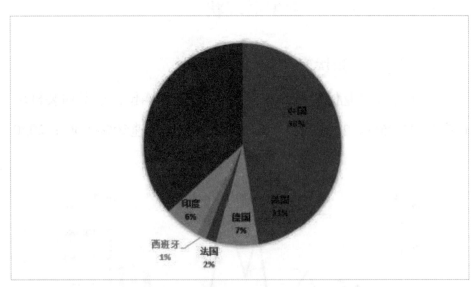

图2　2021年全球光伏累计装机容量分布概况

2. 全球人均装机量前三的主要国家为德国、日本、西班牙

德国和日本人均光伏装机量领先，中美人均光伏装机量相近。人均光伏装机量一定程度上反映了一个地区太阳能的整体发展水平。德国、日本人均装机量分别达到702W/人和594W/人，中国及

美国分别为219W/人和281W/人。德国人均装机量约是中国的3.2倍、美国的2.5倍。从人均光伏装机量来看，中美光伏内需发展空间广阔。

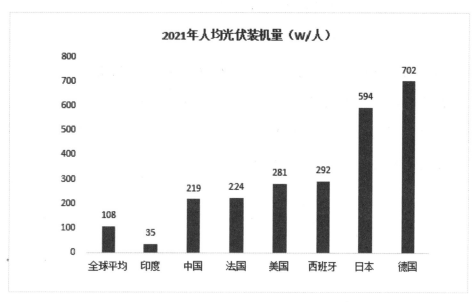

图3　2021年人均光伏装机量概况

3. 中国新能源投资金额和投资强度高于其他国家

从投资总额上看，2013年之后中国成为新能源投资最多的国家。中国新能源投资额2017年高达1400亿美元，同期的欧洲和美国分别为490亿美元和480亿美元，尽管2018年和2019年有所回落，但中国年度投资额仍超过800亿美元。欧洲新能源投资高峰发生在2010年前后，年投资额超过1000亿美元，近年新能源年投资额有所降低，维持在600亿美元左右。美国新能源投资额始终保持在400亿美元左右，近十年增长有限。

从投资强度上看，中国>欧洲>美国。投资强度指每年新能源投

资额占国家当年GDP的比重。我们发现：中国投资强度在2012年之后保持领先，占比超过GDP的0.6%，最高水平在0.9%~1.2%之间；欧洲投资强度2013年以后维持在0.35%左右，历史最高接近 0.7%；美国投资强度近十年维持在0.25%左右。

中欧美新能源投资强度的不同，一定程度反映了新能源在各国政府中的优先级不同。其中，新能源在中国和欧洲的地位较高，中欧都曾大量投资新能源产业，投资强度在部分年份都有激增；相比于中欧，美国没有表现出对新能源产业的额外意愿，过去十年投资强度变化不大，基本维持在0.25%左右。

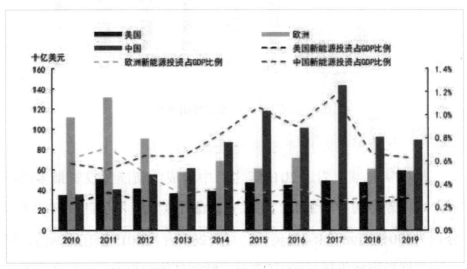

图4　中欧美新能源投资金额及投资强度

（二）中国光伏产业发展现状

1. 中国光伏发电量增长总体强于其他电力

中国光伏发电量过去9年增长近25倍。2013年，中国总发电量

5.37万亿kWh，其中光伏83亿kWh，占比0.16%；2021年，中国总发电量为8.38万亿kWh，比2013年增长约55.9%，其中光伏发电3270亿kWh，占比达到3.9%。光伏发电量年均增速超过70%，远超同时间段中国总发电量的年均增长率5.74%。

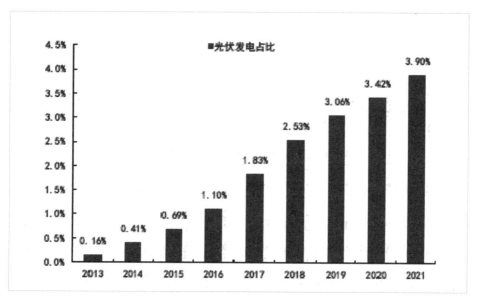

图5　中国光伏发电量占比

近年中国光伏发电量在清洁能源中增长最快。从2013~2021年来看，中国主要清洁能源核电、风电、光伏年化增速均超过中国电力总增长，显示中国近年正在向能源转型积极推进。分开来看，光伏年化增长率约为71.5%，核电、风电分别为17.3%和23.1%，近年光伏增长速度大幅领先。

2. 集中式光伏累计并网容量高，分布式光伏发展迅速

集中式光伏总量庞大，分布式光伏发展迅速。从总量上看，集中式光伏累计并网容量高于分布式光伏；从增量来看，分布式光伏

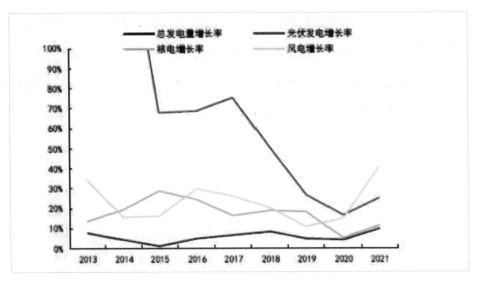

图6　中国各类发电方式发电量增速

新增并网有超过集中式光伏的趋势。由于中国建设集中式光伏电站时期早于分布式电站，截至2021年，中国集中式光伏电站装机近2亿kW，分布式光伏装机约1.07亿kW。考虑电网消纳的问题，近年来分布式光伏增量开始超过集中式光伏。据统计，2021年第三季度、第四季度，中国分布式光伏新增容量超过集中式光伏。

3. 近年中国光伏装机增长集中在华北及华东地区

东部沿海地区近几年光伏发展较快。近年新增装机主要集中在东部沿海地区，并以分布式光伏为主。目前华东、华北地区已经成为中国太阳能光伏装机量最大的区域，山东、河北、江苏成为中国光伏装机量最大的三个省份，分别拥有2868万kW、2558万kW、1812万kW的装机容量。

西部以集中式光伏为主，东部以分布式光伏为主。集中式光伏电站西部居多，高效利用优质太阳能资源；分布式光伏东部居多，提高电网消纳能力。由于太阳能电网消纳问题尚未解决，分布式光伏能够更好结合人口和用电需求，提高光伏利用率，同时初始投资金额低、配套设施建设快、回报周期短，因此近年来分布式光伏发展迅速。

（三）欧洲光伏产业发展现状

1. 欧洲光伏发电占比全球第一

欧洲光伏发电量占比在2010~2020年期间，从1.02%增长至6.64%。自欧洲碳达峰以来，欧盟年度总发电量始终维持在22.5亿kWh，其中光伏从0.23亿kWh增长至1.44亿kWh，近十年年化增长率约20%。

欧洲能源结构不断改善，光伏发电持续增加。从欧洲各类发电增速来看，化石能源及核电在过去二十年间，大部分年份为负增

图7　欧洲光伏发电量占比

长。其中，欧盟化石能源发电量在2000~2020年，从9.5亿kWh减少到5.78亿kWh，占比从43.3%减少到26.6%；核电发电量则从8.37亿kWh减少到6.68亿kWh，占比从38%减少至30.7%。

2. 欧洲光伏集中在少数国家

欧洲光伏装机主要集中在德国、意大利、西班牙和法国。四个国家合计占比接近3/4。2021年，德国累计装机容量为59GW，占欧盟27国总装机量的36%。意大利、西班牙和法国

图8　2021年欧洲累计光伏装机热力图

累计装机容量，分别为22.5GW、16.4GW和14.5GW，分别占欧盟总装机容量的14%、10%和9%。

3. 欧洲光伏发展较为集中，缺乏一定的平衡

欧洲光伏发展缺乏一定的平衡。过去五年，光伏增量前五的国家分别是：德国、荷兰、土耳其、西班牙、法国。从地理位置上看，过去五年新增光伏主要集中西欧、中欧及东欧少部分国家，增量与光伏资源强度不匹配。例如，希腊、保加利亚、意大利等国拥有欧洲的优质太阳能资源，但过去五年开发力度较低。一定程度上，欧洲光伏开发与经济水平及国家发展程度相关性更高。

2021年，欧盟27国新增装机量合计为25.9GW，相比于2020年新增装机容量，2021年增长率达到34%。其中，德国、西班牙、荷兰、波兰、法国，分别新增5.3GW、3.8 GW、3.3GW、3.2GW、2.5GW，合计新增18.1 GW，占欧盟总新增量的70%。

（四）美国光伏发展现状

1. 美国光伏发展弱于中国和欧洲

虽然美国光伏发电占比增长明显，但绝对值依旧较低。2021年，美国光伏发电占比约为2.79%，同期中国与欧州同年占比分别为3.9%及6.6%。从发电量来看，美国在2007年碳达峰，年度发电量在4.2万亿kWh波动，2021年光伏发电量为1150亿kWh。

美国煤炭发电量持续负增长，风、光、天然气填补空缺。2007~2021年，煤炭发电量由2万亿kWh减少到0.9万亿kWh。在此期

图9　欧洲2015~2020年累计新增光伏装机热力图

间，天然气增长0.7万亿kWh，光伏和风电分别增长0.34万亿kWh和0.14万亿kWh，合计填补了煤炭发电的空缺。尽管光伏增速过去几年保持在20%以上，但增量较低，远不及天然气。

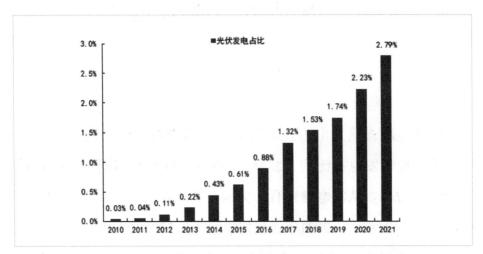

图10　美国光伏发电占比

图11　2021年美国累计光伏装机热力图（光伏电站装机量大于1MW，单位：GW）

2. 美国光伏装机集中在三大区域

西海岸、南方及东海岸是美国装机量最多的三个地区。截至 2021年底，美国大于1MW的光伏电站总装机量约为54.7GW。以州为单位进行排名，装机量前五的分别为：加利福利亚州、德克萨斯州、北卡罗莱纳州、弗罗里达州以及内华达州，装机量依次为 14.4GW、7GW、5.3GW、4.6GW、和 2.9GW。这些州基本位于美国太阳能资源较高的地区，但太阳能资源最为丰富的中西部地区，如内华达、犹他、新墨西哥州等装机量依然较低。

3. 美国光伏发电以大型电站为主，占比逐年提高

过去8年，美国大型光伏电站发电量增幅高于小型电站。根据美国能源信息署的分类，超过1MW的光伏电站为大型，而低于 1MW

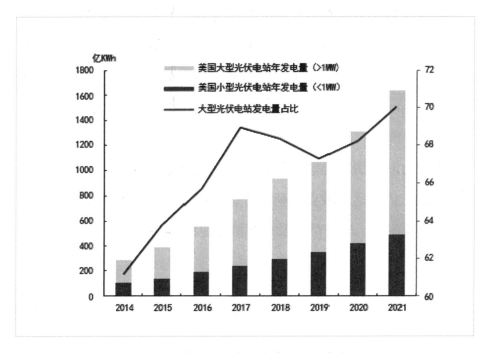

图12　美国不同类型光伏设备发电占比

的光伏电站为小型。2014年，美国大型光伏电站发电量为177亿kWh，占总光伏发电量61.2%。2021年，大型光伏电站发电量为1150亿kWh，占比提升至70.1%。

（五）中国、欧洲、美国光伏装机总结

中国光伏建设以资源为主导，欧美以经济为主导。

1. 中国

中国光伏装机主要位于西部及华北等太阳能资源优质地区。西部没有因为经济水平而影响光伏装机量，同时华南也没有因为经济水平高而装机量高于西部和华北。

2. 欧洲

欧洲太阳能资源优质地区为南欧地区，如希腊、西班牙、意大利、保加利亚、阿尔巴尼亚等国家。但从装机地图来看，欧洲光伏主要集中在几个经济较为发达的国家，如德国、法国、西班牙、荷兰等。

3. 美国

美国与欧洲情况类似，中西部太阳能资源丰富的地区如科罗拉多、犹他、内华达、俄克拉荷马等，装机量远不如美国经济发达地区如加利福尼亚、德克萨斯及东部沿海地区。

表2：2021年中国、美国、欧洲光伏数据对比

	2021年新增装机量（GW）	发电占比	近十年装机平均增速	近十年平均年度新能源投资金额（亿美元）	近十年平均新能源投资强度（新能源投资额/GDP）
中国	54.8	3.9%	76%	822	0.76%
欧盟	25.9	6.64%（2020年）	17.8%	762	0.4%
美国	23.6	2.79%	45%	446	0.25%

二、全球光伏产业政策驱动

（一）全球重要的光伏产业政策推动

1996年，联合国在津巴布韦召开"世界高峰太阳能会议"，会后发表了《哈拉雷太阳能与持续发展宣言》，会上讨论了《世界太阳能10年行动计划（1996~2005）》《国际太阳能公约》《世界太阳能战略规划》等重要文件。

1997年6月，美国总统克林顿宣布到2010年实现"百万太阳能屋顶计划"。

1997年，日本政府宣布实施"7万屋顶计划"。

1997年12月，印度政府宣布在2002年前推广"150万太阳能屋顶计划"。

1998年，意大利政府开始实行"全国太阳能屋顶计划"，总容量50MW。

1998年，德国提出"10万屋顶计划"。

1995年，中国政府制定了《新能源和可再生能源发展纲要（1996~2010）》。

2000年2月，德国通过了《可再生能源法》。

2005年2月，中国颁布《中华人民共和国可再生能源法》。

（二）中国光伏产业的政策变迁及其影响

1. 2000~2017年政策驱动时期

2000~2004年，中国推进国家工程计划和分布式光伏补贴。2000~2004年，先后实施了"西藏无电县投资""中国光明工程""西藏阿里光电计划""送电到乡工程"以及"无电地区电力建设"等国家计划，大大推进了光伏产业发展的进程。这一阶段中国对于分布式光伏项目的补贴基本为初始投资补贴。

2003~2009年，中国光伏产业进入快速发展期。中国光伏产业最开始主要是受到政策推动。由于西部贫困地区缺电严重，且输电网络难以到达，叠加光热资源丰富，政府部门开始加大对西部太阳能光伏产业的扶持力度，出台了诸多政策法规用以支持太阳能光伏产业的健康发展。

产业政策和补贴政策推动中国光伏可持续发展。2005年，全国人大通过《中华人民共和国可再生能源法》，政策环境开始建立，为光伏在国内的发展奠定了坚实基础，但其设定的太阳能光伏发电总量的发展目标明显较低，相比较于当时世界范围内的太阳能光伏产业的发展势头明显滞后。在实际发展过程中，中国在2009年就已达到了光伏发电装机容量的目标。在这一阶段，中国一跃成为全球最大的组件生产国，产量达到1.25GW。但由于当时中国光伏产业的竞争力基本集中在组件部分和劳动力低廉上，对外难以获得产业链的主要利润，对内在度电成本上也无法与煤炭发电媲美，2008年的经济危机对光伏产业出口也造成了巨大影响，同时国际资本对多晶硅价格的操纵导致成本端受到严重挤压。因此国内的产业政策和补贴政策对产业的可持续发展，还是起着至关重要的作用。

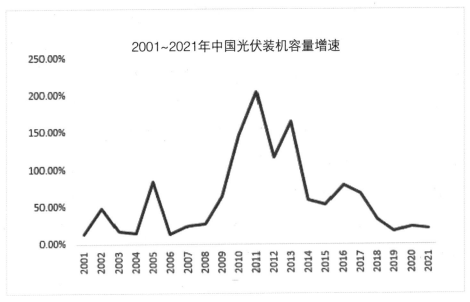

图13　2001~2021年中国光伏装机容量

2009~2012年，中国光伏产业海外受挫。2009年，中国为应对金融危机导致的需求收缩和自身的产业链缺陷，财政部、科技部、国家能源局联合出台《关于实施金太阳示范工程的通知》，该通知标志着金太阳示范工程正式启动。纳入金太阳示范工程的项目原则上按光伏发电系统及其配套输配电工程总投资的50%给予补助，偏远无电地区的独立光伏发电系统按总投资的70%给予补助。在金太阳工程期间，2011年欧美市场对中国光伏产业发起了围剿式的"双反"政策，将关税提高至23%~254%，围绕中国光伏产业的海外市场进行毁灭式打击，2012~2018年组件和电池出口量大幅下降，上百家光伏企业破产。

光伏回归国内市场。为应对海外市场的大规模收缩，不得不将市场转移至国内救亡图存。2009~2012年，中国共组织4期"金太阳"以及"光电建筑"项目招标，规模合计达到 6.6GW。2011年中国新增分布式装机同比增长245.8%，2012年同比增79.7%。金太阳示范工程被称为中国史上最强光伏产业扶持政策。此外，财政部和住建部在2009年开展了"光电建筑应用示范项目"，并开展了大型地面光伏电站特许权招标。这一时期中国对光伏产业的政策涉及财政补助、科技支持和市场推进等多种方式，并且几经调整，不断完善技术要求、整改补贴强度和方式等。同时国家和企业研发投入迅速增加，专利数量激增，自主创新光伏产业组件产品不断增强，为中国光伏产业保留了革命的火种。

2013~2017年，中国光伏发电开始由事前补贴转为度电补贴。2013年，《关于促进光伏产业健康发展的若干意见》正式下发。随后，国家发改委发布《关于发挥价格杠杆作用促进光伏产业健康发展的通知》，明确光伏补贴从金太阳示范工程的事前补贴正式转为上网电价补贴政策。在2013年到2017年间，中国又逐年下调补贴的额度。

2. 2018~2020年转型过渡期

2018~2020年，中国光伏产业转型平价入网，海内外独占鳌头。2018年5月31日，发改委、财政部、能源局三大部门联合发布了《关于2018年光伏发电有关事项的通知》。根据通知，能够享受补贴的分布式项目从不限制建设规模收紧为全年10GW，由于2018年5月底国内实际新增分布式项目已经接近10GW，所以后续几乎没有项目能获取补贴，引起市场的剧烈震荡。据统计，在"531新政"出台后半年时间，有638家光伏企业倒闭，占已注销光伏企业总数的1/4以上。所谓不破不立，"531新政"后，随着那些劣质、无核心竞争力的企业相继被淘汰，资源逐渐向龙头企业靠拢，行业也迎来了新一轮的优化洗牌。随着海外光伏需求的爆发，光伏产业发展改善明显，进入稳定的增长期。

3. 2021年至今市场化驱动时期

2021年至今，中国光伏迎来全面平价入网，行业进入稳步增长时期。2020年12月21日，国新办发布《新时代的中国能源发展》白皮书，指出加快推动光伏发电技术进步和成本降低，标志着光伏行业进入全面平价时代。2021年开始，国内利好政策密集出台，整县推进加持BIPV，分布式光伏有较大增长；沙漠、戈壁、荒漠地区加快规划建设大型风电光伏基地项目，集中式光伏贡献稳定增长。海外欧美电价大幅波动，能源危机持续发酵，各国政策都积极引入和支持发展光伏发电。

全面平价和市场化的背后，是光伏技术的进步与变革。大尺寸硅片发展、硅料薄片化、硅料产能释放等各方面进步，实现光伏度

电成本显著下降，推动光伏装机规模扩张。

4. 中国补贴政策对光伏产业影响

补贴增加了光伏的竞争力。光伏行业的成本和收入主要涉及到两个指标，一是 LCOE 即平准化度电成本，二是光伏发电标杆上网电价。在全投资模型下，LCOE大致等于初始投资加上运维费用然后除以发电小时数。光伏电站标杆上网电价（FIT）则是指光伏电站把所发电量卖给电网公司时收取的售电价格。光伏电站标杆上网电价大致等于燃煤机组标杆上网电价加上政府补贴。由于初期光伏成本基本高于煤电价格，若单纯依据市场竞争规则，则光伏产业无法存活，所以国家出台了政策对光伏产业提供补贴来弥补高于燃煤电价的部分。正如前文所述，国家对光伏产业的补贴正在逐渐退坡至全面平价入网。

三、上网电价法特别评论

（一）政府政策的激励作用及局限性

从20世纪70年代光伏发展开始，美国、日本等许多国家，先后颁布了几十种鼓励光伏发电的政策，但作用相当有限。

日本政府的补贴政策自20世纪90年代初开始，他们把光伏屋顶并网发电纳入"阳光计划"，开始实施政府补贴政策。初始补贴达到光伏系统造价的70%，随着成本的降低，补贴随之减少。2006年，日本按计划停止了补贴政策。该政策不但使日本在相当长一段时间成为世界最大的太阳能电池生产国（2007年欧洲超过日本），而且使日本成为世界光伏市场份额最大的国家（2006年德国市场超过日本）。2008年，福田政府恢复了补贴计划，重新振兴了日本光伏市场和产业发展。

日本通过政府政策推动光伏发电发展是世界上最成功的范例之一。当时日本是世界第二大经济强国，保证了日本政府补贴政策的连贯性。

但是，世界上没有第二个国家效仿日本，因为用政府财政对产业进行如此大的补贴在很多国家行不通或者很难持续下去，局限性很大。

（二）上网电价法的强大推动力及科学性

1. 德国上网电价法的诞生

20世纪90年代中后期，德国对世界几种较成熟的光伏技术进行认真研究和分析。依据光伏组件3年来的成本变化规律及规模效应得出，光伏组件成本或者发电成本随累计安装量呈指数下降趋势：安装量每扩大一倍，成本下降20%左右。

研究表明，只要通过开拓市场，扩大组件生产，电池组件成本可下降到1美元/W左右。此研究结果成为上网电价法的理论依据。

德国在先后实施"一千屋顶计划"（1994~1998年）基础上，于2000年1月颁布实施了与"全网平摊"相配套的"可再生能源上网电价法"，对光伏发电实施0.99马克/kWh的上网电价。

在实施"十万屋顶计划"（1999~2003年）基础上，对光伏上网电价进行修订，于2004年1月1日实施。修正后的上网电价更加科

学、合理，更易操作。上网电价法还规定，以后每年上网电价下降5%，既符合实际，又符合上网电价法实施的目的。自2004年起，德国一跃成为世界光伏市场和光伏产业发展最快的国家。

德国上网电价法的基本原则包括：（1）必须上网。（2）电力部门必须收购。（3）上网电价法实施超过二十年。（4）近期上网电价每年降低5%。

德国上网电价法实施以来，光伏产业及应用取得了辉煌的成绩：2000~2007年，光伏电站的建设投资超过了150亿欧元，而光伏生产线建设的投资则超过了30亿欧元。目前，光伏系统的成本与2004年相比，降低约40%。

一方面，上网电价法推动了市场需求与发展，并成为极具吸引力的投资产业。另一方面，市场的发展拉动了光伏产业的发展，推动光伏发电成本持续降低，逐渐建立起可持续发展的能源体系。

上网电价法的科学性体现在：（1）通过法规让光伏发电进入市场，让市场机制发挥作用。建设光伏电站是上好的获利投资项目，可以调动全社会参与的积极性。（2）引入市场经济规律，公开、公平、公正地自由竞争，优胜劣汰，有利于提高质量、降低成本和促进市场健康发展，用最少的"平摊"基金办尽量多的事情。

上网电价法是21世纪人类推动能源革命的伟大创举。

2. 上网电价法的普及与扩大

上网电价法的科学性、有效性和可操作性，很快被世界许多国家认同。世界多国实施了上网电价法，光伏市场由德国很快扩张到整个欧洲，并且影响到全球，成为推动全球能源革命的重要措施。

第四节 太阳能发展的里程碑

一、光伏：全球及重点国家光伏发电成本和购电协议价

全球平准化光伏发电成本（LCOE）和购电协议价（PPA）是衡量光伏发电经济性的核心指标。经过对太阳能发电项目成本进行生命周期内的成本和发电量的计算，能够将太阳能发电项目以价格为单位与传统能源发电方式进行比较。通常LCOE中成本包含初期投资、生命周期内因折旧税费减免的现值、项目运营成本的现值、固定资产残值的现值；收益则是光伏项目生命周期内的发电量现值。PPA 则是发电企业与大型用电企业之间签署的协议。通过长期购电协议定价，能够稳定光伏发电企业的长期利润，同时提高光伏电网消纳水平，因此很多光伏电站投资建设之前，便已与购电企业达成PPA。

（一）全球平准化光伏发电成本（LCOE）

全球光伏平均LCOE已具备与煤炭、天然气的竞争优势

2019年，全球平均平准化太阳能度电成本（LCOE）已低至0.068美元/kWh，2010~2019年十年间降低超过80%。光伏发电不再是依靠补贴和政策而发展的绿色能源。目前中国、印度、德国、法国、意大利、西班牙、葡萄牙、希腊、美国新建集中式光伏电站的平准化成本，已低于燃煤及燃气发电站。

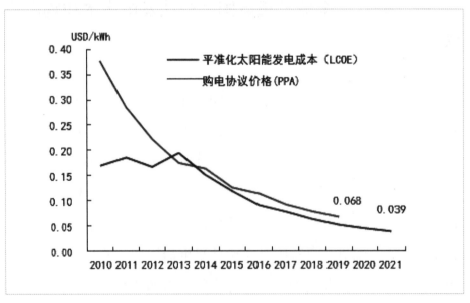

图14　全球光伏平均LCOE及PPA

全球光伏购电协议价格（PPA）持续下滑，提升上网竞争力。PPA价格在2021年降低至0.04美元/kWh，光伏企业与购电企业互利共赢。一方面持续下降的PPA价格，反映出光伏电站成本下降后能形成更有竞争力的上网电价，用电企业可以获得更低成本的绿电，

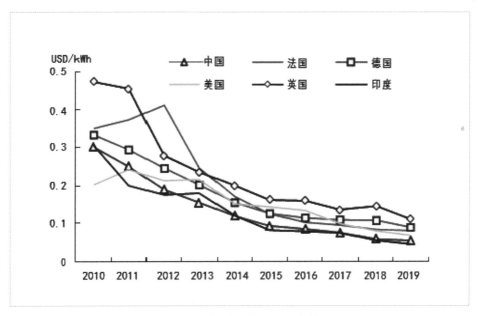

图15　全球部分国家LCOE走势

并实现企业自身的可持续发展或双碳目标；另一方面光伏企业能够通过长期协议完成电力消纳目标，实现项目运营资金保障。

（二）2019年以来中国光伏LCOE低于煤电上网价

中国光伏LCOE近几年降幅明显，已低于全球大部分国家。根据国际可再生能源机构的统计，中国光伏LCOE从2010年0.301美元/kWh降低至2019年0.054美元/kWh，降幅82%。据彭博新能源财经估计，2021年上半年全球完成融资的光伏项目中，最低LCOE可达到0.022美元/kwh。在世界主要国家中，中国LCOE仅高于地处热带的印度，而低于德国、美国等布局光伏产业较早的国家。

2019年，中国光伏平均LCOE已接近甚至低于大部分省份燃煤基准上网电价。以LCOE为0.342人民币/kWh 对比，仅有内蒙古、宁

夏、新疆、甘肃、青海和云南的煤炭基准上网电价低于光伏平准化
成本LCOE。

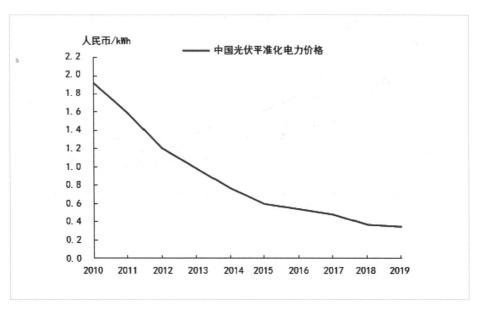

图16　2010~2019年中国光伏平准化度电成本趋势

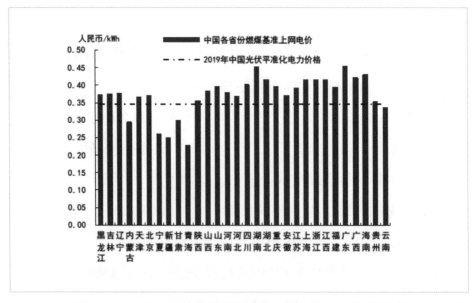

图17　2019年中国各省份燃煤基准上网电价与光伏成本对比

（三）欧洲：电价高于其光伏LCOE

2019年，德国光伏平均LCOE约0.09美元/kWh，法国约0.08美元/kWh，英国约0.11美元/kWh，德、英LCOE超过世界平均价格。下图为德国近五年电价与2019年德国光伏平均LCOE对比。

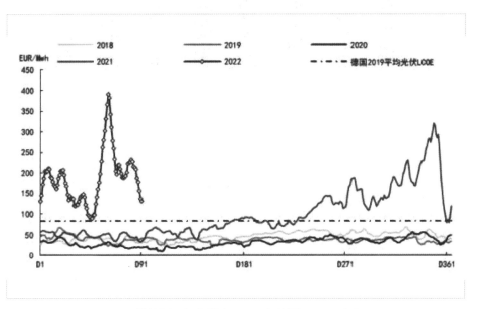

图18　德国近5年电价与2019年德国LCOE对比

（四）美国：2017年起光伏LCOE已低于美全行业平均电价

美国发电成本相对稳定，2017年全行业平均电价约0.105美元/kWh，而美国平准化太阳能发电成本则为0.0993美元/kWh。此后，光伏LCOE持续下降，而全行业平均电价基本维持不变。

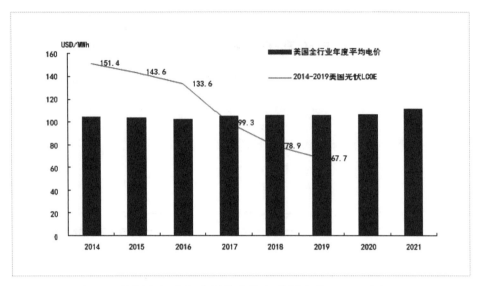

图19　美国全行业年度平均电价与美国光伏LCOE对比

二、光热发电史上里程碑事件

（一）项目概况

2018年12月，上海电气与沙特国际电力和水务公司（ACWA Power）关于迪拜Mohammedbin Rashid Al Maktoum太阳能园区第四期950MW的光热（700MW）+光伏（250MW）混合电站项目中标电价为7.3美分/kWh（约0.5元人民币/kWh），创下光热发电有史以来的最低价，堪称光热发电领域的标杆性事件。其中700MW光热电站部分：由1*100MW熔盐塔式+3*200MW槽式组成，配置了15小时熔盐储热系统，确保全天24小时全年不间断供电，与250MW光伏机组有效配合，这也是项目可以创造7.3美分/kWh的全球最低中标电价的重要因素之一。

（二）项目评估

1. 发电贡献

3*200MW槽式光热电站将贡献74%的电力输出，100MW塔式光热电站占比14%，250MW光伏电站占比12%。

2. 电站收益

槽式电站将贡献80%的项目收入，塔式及光伏电站收入占比分别为15%和5%，槽式光热发电技术有效地降低了整个项目的融资成本。

7.3美分/kWh的电价由两部分组成：一部分为光伏PV电价2.4美分/kWh，另一部分为光热电站35年购电协议内平准电价8.3美分/kWh。

单就光热电价部分来说，在为期7个月的夏季时间的早上10点到下午4点，购电方DEWA所付电价为2.9美分/kWh，在其他时间段，电价为9.2美分/kWh。可以看出，在下午4点到次日上午10点这段高电价时间，光热电站储能将发挥至关重要的作用，可以保证电站的效益最大化。

注：如上关于光伏产业现状的总结部分，主要参考了中信证券的研究报告。

未来四十年

太阳能革命愿景

太阳能未来基本要义

"太阳能革命、太阳能时代"这一锅饭食的水、米在哪里，有多少，能煮多大一锅饭，能够供多少人食用——这是太阳能未来的第一要义：太阳能资源在哪里，能够利用多少，能否解决未来社会发展所需的能源问题。

如何煮"太阳能革命、太阳能时代"这一锅饭食——这是太阳能未来的第二要义："太阳能革命、太阳能时代"的技术、产业体系构架与发展，以及如何完成太阳能未来这一历史使命。

"太阳能革命、太阳能时代"这锅饭食是什么内容——这是太阳能未来的第三要义：人类新未来是一个什么样的架构、格局、走向。

第一章　未来新焦点：太阳能资源认识

太阳能未来的第一要义是太阳能资源，这是人类未来发展的第一要素，其重要性如同农耕时代的土地、工业文明时代的化石能源，有三项主要内容。

太阳能资源总量——太阳能未来的底线：全球未来能够走多远、可以做多大。

太阳能资源分布——太阳能未来的大格局如何形成，特别是全球性的大格局如何构成。

太阳能资源的特别物理特性——稳定性问题，这决定了太阳能未来的经济和社会中最基本的稳定性架构，主要有两个要素：全球24小时的特殊周期性结构、气候的干扰要素。

第一节　太阳能资源总量评估

一、太阳能资源总量评估

太阳能资源储量近似无穷，可开发程度高。太阳能光照资源具有无限性，无处不在，没有任何一个国家或地区可以垄断。作为发光发热的恒星，太阳正处于壮年阶段，至少还可以存在50亿年，太阳能资源取之不尽，用之不竭。

（一）地球接收的太阳辐射量

1. 太阳辐射地球的能量及其分配

太阳的中心区不停地进行由氢聚变成氦的热核反应，每秒有$6.57 \times 1011kg$的氢聚合生成$6.53 \times 1011kg$的氦，连续产生功率为$3.88 \times 1023kW$的能量。这些能量以辐射方式向宇宙空间发射，其中约二十二亿分之一的能量辐射到地球，功率约为$1.76 \times 1014kW$。

表3：地球每日所接受的太阳辐射能数值的相对大小

每日所接收的太阳辐照能（3.67×1021 k/d）	100
春季时冬雪融化所需的平均能量	10~1
冬季环流所需要的能量	10~2
全球在1950年时全年的能量消耗	10~2
气旋的平均能量	10~3
飓风的平均能量	10~4
一般环流的动能	10~5
夏季雷暴的平均能量	10~8
1945年8月日本广岛原子弹爆炸的能量	10~8
7000吨煤燃烧所放出的能量	10~8
局部阵雨的平均能量	10~10
陆龙卷的平均能量	10~11
闪电雷击的平均能量	10~13
接近地球表面阵风的平均能量	10~17

在进入地球大气层的过程中，约有23%的能量会被大气层所吸收，有30%的能量会被反射，47%的能量传入地球表面，用来提供地球上万物生长所需的光和热。

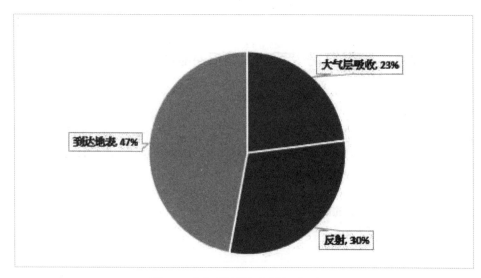

图20　太阳辐射地球能量分配

2. 地球表面所接收的太阳能量

虽然太阳辐射的能量在穿越1.5亿公里的太空传入地球，同时部分被大气层吸收以及部分反射，但是地球表面接受太阳能量的功率仍然高达8.27×10^{13}KW。

地球表面每秒所接收的能量：约为8.27×10^{16}J；相当于约300万吨标煤当量；相当于约206万吨标油当量。地球表面每年接受的太阳能量：约为2.5×10^{24}J；相当于约87.6万亿吨标煤当量；相当于约61.32万亿吨标油当量，约为2021年全球一次能源使用量（138.4亿吨标油）的4500倍。

（二）光热资源利用情景评估

以目前的太阳能光伏电池技术条件，理想情况下40多万平方公里（近似西班牙面积，或者1/5个沙特的面积）的太阳能电池板所转换的电能，就能够满足2021年全球一次能源总消费（2021年全球一次能源消费总量约为138.4亿吨标油）。

全球陆地面积约1.49亿平方公里。在当前太阳能光伏技术的发展背景下，利用不同比例的全球陆地来发展太阳能光伏，分别可以获得的能源总量评估结果如下。

1. 基本评估

（1）全球0.5%~1%的陆地发展太阳能光伏

75~150万平方公里的陆地发展太阳能，可以发展750~1500亿kW的光伏装机容量，理想情况下每年可提供150~300万亿kWh的电量，相当于250~500亿吨的标油当量，即每年可以向全球（按100亿人口测算）提供人均2.5~5吨的标油当量，是当前全球能源使用量（以2021年为例，全球一次能源消费总量约为138.4亿吨标油）的1.8~3.6倍。

结论1：0.5%的全球陆地发展太阳能光伏可以实现的能源消费水平相当于目前中国能源消费水平，相当于目前全球能源消费水平的1.4倍。以此发展，如果充分发展节能技术，推动全方位的技术进步，可以实现目前最低标准的全球现代化。

结论2：1%的陆地发展太阳能光伏可以实现的能源消费水平相当于目前中国人均能源消费水平的2倍，相当于目前全球能源消费水平的2.8倍。以此发展，可以实现高于目前西欧水平的全球现代化。

（2）全球1%~3%的陆地发展太阳能光伏

150~450万平方公里的陆地发展太阳能，可以发展1500~4500亿kW的光伏装机量，理想情况下每年可提供300~900万亿kWh的电

量，相当于500~1500亿吨的标油当量，即每年可以向全球（按100亿人口测算）提供人均5~15吨的标油当量，是当前全球能源使用量（以2021年为例，全球一次能源消费总量约为138.4亿吨标油）的3.6~11倍。

结论1：2%的陆地发展太阳能光伏可以实现的能源消费水平相当于目前中国能源消费水平的4倍，相当于目前全球能源消费水平的5.6倍，相当于目前西欧能源消费水平的2.5倍。以此发展，可以实现高于当前美国水平的全球现代化。

结论2：3%的陆地发展太阳能光伏可以实现的能源消费水平相当于目前中国能源消费水平的6倍，相当于全球能源消费水平的8.4倍，相当于目前西欧能源消费水平的3.75倍，相当于目前美国能源消费水平的2倍。以此发展，可以充分实现能源自由，全面实现绿色化，构建财富充分涌现的理想社会。

2. 总体评估

（1）人类利用1%的土地发展太阳能，可以实现相当水准的现代化；利用2%~3%的土地发展太阳能，可以实现充分发展、财富无穷涌现的理想社会，同时可以理想化解决全球气候问题，建立比较理想的绿色世界。

（2）1%的全球陆地面积，相当于大半个沙特，相当于整个北非可利用光热资源土地的10%~20%，相当于中国可利用光热资源土地的25%~30%。

（3）2%~3%的全球陆地面积，相当于1~1.5个沙特，相当于整个北非可利用光热资源土地的20%~60%，略高于中国可利用光热资源土地的50%。

二、间接太阳能——风能总量评估

（一）总量评估

据世界气象组织估计，全球大气中蕴藏的总的风能功率（即单位时间内获得的风能）为$1 \times 1014MW$，其中可被开发利用的风能约为$3.5 \times 109MW$，如下基于可开发风能进行评估。

每秒产生的能源量：约为$3.5 \times 1015J$；相当于约12万吨标煤当量；相当于约8.25万吨标油当量。每年产生的能源量：约为$1 \times 1023J$；相当于约3.76万亿吨标煤当量；相当于约2.62万亿吨标油当量。

（二）特别评估

与直接太阳能资源相比，可供人类利用的风能的资源总量约为直接太阳能资源量的2%左右；风能不稳定性较强，如何大规模利用需要特别考虑这个因素。

风能在一些特别国家和地区，有其发展优势，但并不具备如同太阳能全面、普适性发展的基本条件。

此外，在人均消费3-4吨标油的情景下，风能可以占到较大比例；在人均能源消费超过3-4吨标油之后，能源需求主要依靠太阳能提供。

三、间接太阳能——水能总量评估

（一）总量评估

水能属于再生能源，价廉、清洁，可用于发电或直接驱动机械做功，是目前可再生能源中利用历史最长、技术最成熟的能源。据估计，全世界水能资源理论蕴藏量为413095亿kWh/a，技术可开发量约为117549亿kWh/a，经济可开发量约为96240亿kWh/a。

（二）特别评估

特别评估一：水能在未来的能源系统中具有战略地位，主要在配合太阳能发展的储能体系中占有重要战略地位。如果利用好，可以发挥仅次于太阳能的重要作用。

特别评估二：目前可以利用的水能，还具有巨大的开发潜能，主要在两个方面：一是传统的水能开发；二是特别的抽水储能体系的建设，如果开发有效，这种抽水储能体系在现有的水能利用的潜力方面可以大幅度提高，成为稳定的太阳能体系建设的重要支柱。

四、间接太阳能源——植物能源

（一）总量评估

全球陆地面积占整个地球表面积的约30%，约150亿公顷。其中1/3由于纬度过高或者海拔过高而过于寒冷无法耕种，约1/4过于干旱无法耕种，剩下40%的面积约3/4为森林、草原，最终大约只有10%适于耕种。

未来四十年全球人口将突破100亿，全球现代化的背景下，非发达国家未来的粮食消费将增加约50%~100%，同时现代化发展还需要减少约10%左右的耕地面积用于城市化与现代化交通体系建设。因此，未来全球面临还需要增加30%~50%的耕地面积需求。

基于上述背景，未来全球可用于生产生物能源的耕地面积非常小，只有个别国家具有有限的生物能源发展的可能性。从全球现状看，只有美国、加拿大、澳大利亚、巴西这几个国家有一定的能力进行生物能源开发。如果考虑未来可能存在长期的全球粮食危机的压力，土地用于粮食生产的可能性远远大于发展生物能源的可能性。

此外，在未来全球粮食危机可能发生的大背景下，相当部分秸秆只能用于畜牧业。考虑到土地的质量保证问题，秸秆还田将是秸秆利用的另一个重要途径。

另外，草地、林地保持良好的生存状态，对于全球环境保护非常必要，青山绿水是人类未来生存的基本愿景。草地、林地大规模用于发展生物能源，并非上策。

基于上述理由，我们可以基本断定生物能源未来发展空间非常小，在未来的能源结构中的影响作用非常小。

（二）特别评估

特别评估一：在太阳能未来中，在现有的植物能源发展体系中，充分、深度绿色化有三个作用。一是促进粮食产量增长；二是

使人类生存环境更加山清水秀；三是在气候变化中的特别作用。

特别评估二：太阳能未来中，分布式太阳能将占据重要地位，特别在许多不具备大规模发展太阳能条件的国家与地区，分布式太阳能将发挥重要作用。

按人均4吨标油能源消费量考虑，光热资源比较好的地方，大约需要人均0.1亩土地发展光伏电场。实际上，分布式能源极有可能在未来占有重要地位，绝大多数地方一半以上的能源来自分布式能源体系。

分布式能源与智慧革命的结合，将可能成为未来人类主要的生产方式与生活方式，人类有望极大程度实现新型的能源独立、能源自由，以及经济独立、经济自由的"新田园农耕"方式。

实现上述情景，仅需要现有土地的1/30到1/50。这个土地数量非常容易解决。

特别评估三：在未来太阳能革命的深度发展中，绿色太阳能发展体系将极大可能是第三代太阳能技术体系，其主要作用是通过天量的海水淡化来解决大量荒漠化土地的深度绿色化改造。对中国而言，这个意义更加重大。如果中国西部30%-50%左右的土地能够实现深度绿色化改造，其产生的实际效果相当于再造半个可居住的中国。

第二节　太阳能资源分布概况及相关评估

太阳能资源的分布是"太阳能革命"最重要的基础，主要表现为如下两点内容。

第一，全球光热资源是全球太阳能未来发展的能量基础，对此进行特别评估是认识太阳能未来的基础。

第二，主要有三个国家和地区具备发展成为"未来全球能源基地"的基础：中东与北非、中国、美国。这三大基地紧靠人类最核心的发展区域，基本具有24小时周期的分布，并且每个基地都能发展成为供给满足全球能源需求的大型基地。这是构架未来能源全球化、经济与社会全球化的基础。

因此，对太阳能资源分布的评估事关未来全球之根本。

一、直接太阳能资源分布概况评估

（一）全球范围内太阳能资源分布特点

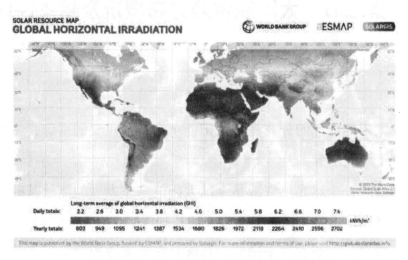

图21　全球太阳能水平面总辐射量

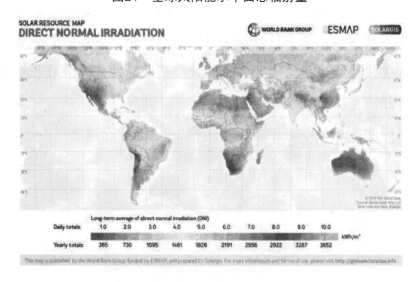

图22　全球太阳能法向直接辐射量

全球太阳能光照资源的分布具有明显的地域性，这种分布特点反映了太阳能资源受气候和地理等条件的制约。

全球太阳能光热资源主要集中在温带及热带地区，与人口分布结构相似。纬度越低，地貌越平坦，海拔越高，日照时间越长，地面接受到的太阳辐射能量越多。

全球太阳能辐射强度和日照时间最佳的区域包括：北非、中东地区，中国西部，美国西南部，澳大利亚，墨西哥，南欧，南非，南美洲东西海岸等。

（二）主要国家或地区太阳能资源概况及评估

1. 北非、中东地区太阳能资源分布概况及评估

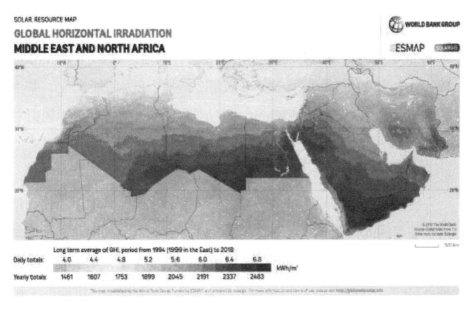

图23　北非、中东地区太阳能水平面总辐射量

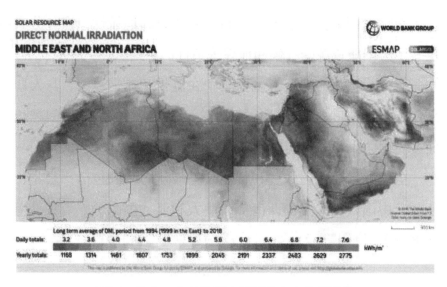

图24　北非、中东地区太阳能法向直接辐射量

（1）北非概况

北非是世界太阳能辐射能量最高的地区之一。其中埃及的太阳年辐照总量2800kWh/m²。阿尔及利亚的太阳年辐照总量2700kWh/m²，该国2381.7平方公里的陆地区域，其沿海地区太阳年辐照总量为1700kWh/m²。高地和撒哈拉地区太阳年辐照总量为1900～2650kWh/m²，全国总土地的82%适用于太阳能产业。摩洛哥的太阳年辐照总量2600kWh/m²。突尼斯、利比亚的太阳年辐射总量均大于2300kWh/m²。

（2）中东概况

中东几乎所有地区的太阳辐射能量都非常高，其中以色列、沙特阿拉伯等国的太阳年辐照总量为2400kWh/m²。以色列的总陆地区域是20330km²，内盖夫沙漠覆盖了全国土地的一半，是太阳能利用的最佳地区之一。阿联酋的太阳年辐照总量为2200kWh/m²。伊朗的太阳年辐照总量为2200kWh/m²。约旦的太阳年辐照总量约2700kWh/m²。

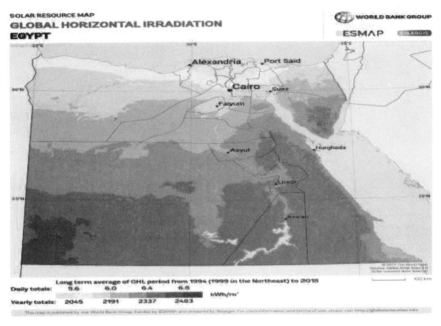

图25　埃及太阳能水平面总辐射量

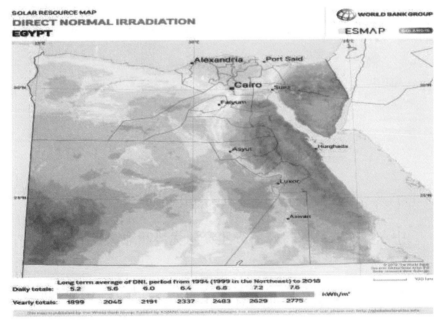

图26　埃及太阳能法向直接辐射量

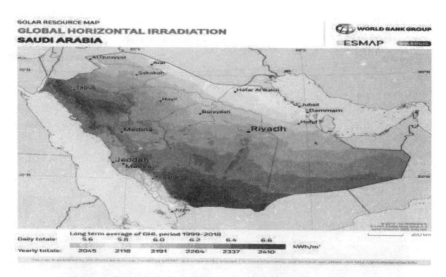

图27 沙特阿拉伯太阳能水平面总辐射量

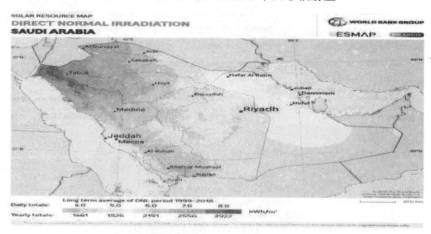

图28 沙特阿拉伯太阳能法向直接辐射量

（3）中东、北非光热资源特别评估

中东、北非具备特殊的光照资源优势和地缘优势，主要有如下三点。

优势一：中东、北非具有世界上最好的光热资源，一是总量，二是光强，两者都是世界最优。具备成为全球最好的太阳能基地的基础，具备提供全球能源需求的能力。

优势二：与现在最发达地区之一欧洲距离最近，与欧洲具有几千年的紧密联系，可以极大程度促进欧洲率先发展太阳能革命，进入太阳能时代。未来中东、北非与欧洲融为一体是大概率事件，可以实现区域和国家的深度融合，形成发展共同体。

优势三：与东亚特别是中国，可以形成欧亚大陆的一体化发展，主要是在能源互补方面。全球能源共同体的最初阶段一定是中东、北非与中国形成的能源合作，二者有6~8小时的时差，可以形成一个时差互补的太阳能共同发展能源体系。这个体系将极大程度互补欧亚大陆使用太阳能不均衡的主要问题，最大程度减小太阳能使用的固有缺陷——能源强度的周期性问题，从而最大程度降低各自成本。

2. 美国太阳能光照资源分布概况及评估

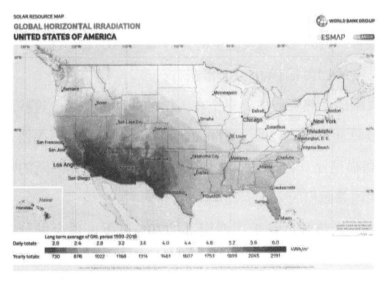

图29　美国太阳能水平面总辐射量

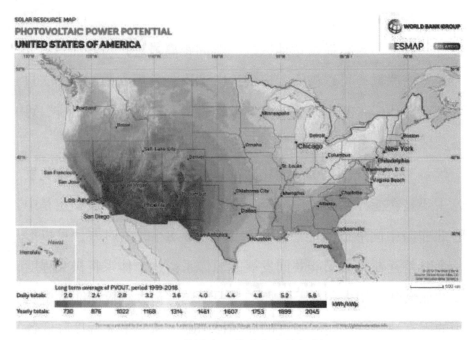

图30　美国太阳能法向直接辐射量

（1）总体概况

美国太阳能资源相当丰富。根据美国国家可再生能源实验室出具的相关报告，美国光伏总发电量潜力为每年400万亿kWh，是美国2021年总发电量4.1万亿kWh的100倍左右。

美国太阳能光热资源主要集中在美国的西南部地区。这些地区太阳年辐照总量为2555~2920kWh/m2，包括亚利桑那和新墨西哥的全部，加利福尼亚、内华达、犹他、科罗拉多和德克萨斯的南部等，约占美国总面积的9.36%。

其他地区光热强度是美国西南部的70%以下，适合做分布式能源。

表4：美国太阳能光照辐射概况

类别	光照年辐射量 （kWh/m2）	面积占比
一类地区	2555～2920	9.36%
二类地区	2190～2555	35.67%
三类地区	1825～2190	41.81%
四类地区	1460～1825	9.94%
五类地区	1095～1460	3.22%

补充：美国的外岛如夏威夷等均属于二类地区。

（2）特别评估

特别评估一：美国光热资源总量与中国相当，是全球四个最大的光热资源丰富地区之一，其西南部将会发展成为未来全球最重要的三大太阳能基地之一，资源总量足够承担全球未来的能源需求。

特别评估二：美国地处西半球，与东半球有12小时的时差，二者可以形成白天与夜晚的互补，是全球太阳能体系的最重要一环，基本能够解决全球太阳能时代最大的能源不均衡性问题——白天与夜晚太阳能能源获得的不均衡性，可以与东半球形成互补的全球能源体系。

3. 欧洲

欧洲南部的太阳能光热资源比较丰富，包括葡萄牙、西班牙、意大利、希腊和土耳其等国家。

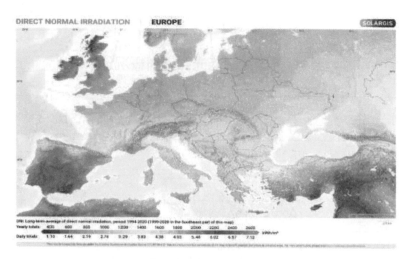

图31 欧洲太阳能水平面总辐射量

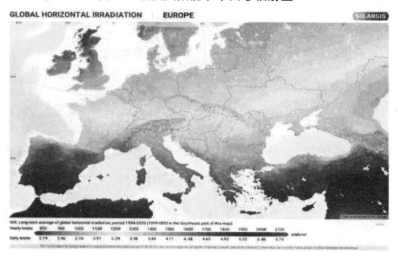

图32 欧洲太阳能法向直接辐射量

南欧的太阳年辐照总量基本超过2000kWh/m²。西班牙太阳年辐照总量约为2250kWh/m²。意大利太阳年辐照总量约为2000kWh/m²。希腊太阳年辐照总量约为1900kWh/m²。葡萄牙太阳年辐照总量约为2100kWh/m²。法国年辐射总量约为1555~2111kWh/m²。德国年辐射总量约为1555~2111kWh/m²。

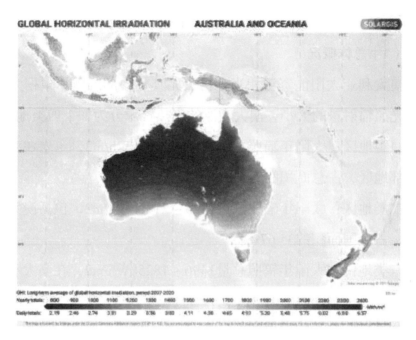

图33 澳大利亚太阳能水平面总辐射量

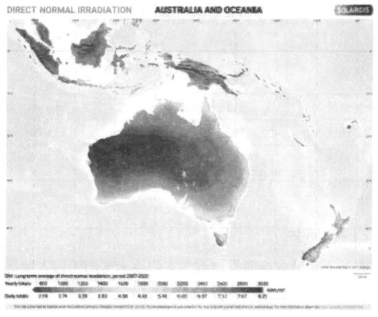

图34 澳大利亚太阳能法向直接辐射量

4. 澳大利亚

（1）总体概况

澳大利亚太阳能资源相当丰富，尤其是中部区域。根据太阳能年度光照辐射量的大小，澳大利亚的光热资源分为如下四类地区：

一类地区：太阳年辐照总量2116～2408kWh/m2，主要在澳大利亚北部地区，占总面积的54.18%。

二类地区：太阳年辐照总量1825～2116kWh/m2，包括澳大利亚中部，占全国面积的35.67%。

三类地区：太阳年辐照总量1496～1825kWh/m2，在澳大利亚南部地区，占全国面积的41.81%。

四类地区：太阳年辐照总量低于1496kWh/m2，仅占9.94%。

表5：澳大利亚太阳能光照辐射概况

类别	光照年辐射量 （kWh/m2）	面积占比
一类地区	2116～2408	54.18%
二类地区	1825～2116	35.67%
三类地区	1496～1825	41.81%
四类地区	低于1496	9.94%

（2）特别评估

澳大利亚将极大可能发展成为太阳能未来的第四大能源基地，其主要优势是光热资源，全境50%左右的面积都属于最好的光热资源，其总量足够发展支持整个全球的能源需求。其主要问题是地理位置特殊，孤悬于整个世界之外，特别与世界主要发达地区以及人口密集地区距离太远。不易直接获得利用，但是非常可能成为太阳能时代世界最优基础产业基地。

（三）中国光照资源分布概况特别评估

1. 总体概况

中国是全球太阳能资源最丰富的地区之一，主要集中在内蒙、甘肃、青海、西藏、新疆等西部地区。中国各地太阳年辐射总量为927~2333 KWh/m^2，中值为1625 KWh/m^2。中国的太阳能资源与同纬度的其他国家相比，除四川盆地及其毗邻地区外，绝大多数地区的太阳能资源相当丰富，和美国类似，比日本、欧洲条件优越，特别是青藏高原的西部和东南部的太阳能资源尤为丰富，接近世界上最著名的撒哈拉大沙漠。根据全国各地每年平均接收太阳总辐射量的多少，可将全国划分为如下五类地区。

（1）一类地区

一类地区为中国太阳能资源最丰富的地区，全年日照时数3200~3300h，年太阳辐射总量1855~2333kWh/m^2，日辐射量5.1~6.4kWh/m^2。

主要包括宁夏北部、甘肃北部、新疆东部、青海西部和西藏西部等地，尤其以西藏西部最为丰富，年太阳辐射量高达2333kWh/m^2。

（2）二类地区

二类地区为中国太阳能资源较丰富地区，全年日照时数3000~3200h，年太阳辐射总量1625~1855kWh/m^2，日辐射量

4.5~5.1kWh/m²。

主要包括河北西北部、山西北部、内蒙古南部、宁夏南部、甘肃中部、青海东部、西藏东南部和新疆南部等。

（3）三类地区

三类地区为中国太阳能资源中等类型地区，全年日照时数2200~3000h，年太阳辐射总量1393~1625kWh/m²，日辐射量3.8~4.5kWh/m²。

主要包括山东、河南、河北东南部、山西南部、新疆北部、吉林、辽宁、云南、陕西北部、甘肃东南部、广东南部、福建南部、苏州北部、安徽北部、台湾西南部等地。

（4）四类地区

四类地区为中国太阳能资源较贫乏地区，全年日照时数1400~2200h，年太阳辐射总量1163~1393kWh/m²，日辐射量3.2~3.8kWh/m²。

主要包括湖南、湖北、广西、江西、浙江、福建北部、广东北部、陕西南部、苏州北部、安徽南部、黑龙江、台湾东北部等。

（5）五类地区

四类地区为中国太阳能资源最少的地区，全年日照辐射时间1000~1400h，年太阳辐射总量928~1163kWh/m²，日辐射量只有2.5~3.2kWh/m²。主要包括四川和贵州。

小结：上述的一、二、三类地区，全年日照时数大于2000h，是中国太阳能资源丰富或较丰富的地区。这三类地区面积较大，约占全国国土总面积的2/3以上，具有利用太阳能的良好条件。

表6：中国太阳能光照辐射概况

类别	光照年辐射量 （kWh/m²）	面积占比
一类地区	1855~2333	
二类地区	1625~1855	66.67%以上
三类地区	1393~1625	
四类地区	1163~1393	33.33%以下
五类地区	928~1163	

2. 中国光照资源分布特点

（1）太阳能光照低值中心与高值中心

中国太阳能光热强度的高值中心和低值中心都处在北纬22°~35°一带，青藏高原是光热强度的高值中心，四川盆地是光热强度的低值中心。

（2）总辐照量西部地区大于中东部地区

中国太阳能资源地区性差异较大，呈现西部地区大于中东部地区，高原、少雨干燥地区大，平原、多雨高湿地区小的特点。

（3）北纬30°~40°地区，光照随纬度的升高而增长

由于南方多数地区云多雨多，在北纬30°~40°地区，太阳能资源分布随纬度变化与一般的规律相反，即随着纬度的升高而增长。

3. 中国光热资源特别评估

（1）特别评估一

理论上，中国60%的土地可以用来发展太阳能，其中将近一半的土地拥有全球最好的光热资源。中国具备发展成为全球最优能源

基地的基础，以此满足全球能源的需求。

（2）特别评估二

中国具有全球太阳能能源体系的最佳区位优势，地处全球太阳能未来的中心位置，主要有三点内容。

第一，向西与整个欧亚大陆相连，有6~8小时的时差，可以形成能源互补，实现整个欧亚大陆能源一体化的最佳发展。

第二，向东可以跨越白令海峡，与美国形成12小时的时差，实现太阳能白天与夜晚的最佳互补。西半球的白天是中国的夜晚，西半球的夜晚是中国的白天，中国大陆的能源基地可以满足整个南北美洲夜晚的能源需求。同时，中国夜晚可以接收美国能源基地白天的能源供应，基本全面解决24小时全周期的能量供应问题。整个中国与美国可以实现全球能源互补的最佳地缘优势结合。

第三，中国与整个亚洲、欧洲、非洲陆地基本自然连接，中国能源南下可以直接支持整个南亚，间接支持非洲，同时可以将美国的互补能源服务到这些区域，实现全球的能源互联。

综上所述，中国在太阳能未来中的特殊地缘优势，将使中国成为未来全球能源共同体中最重要的国家与地区。

（3）特别评估三

中国具有全球独一无二的太阳能产业综合发展体系，产能与技术都遥遥领先于全球，在这个基础上，**中国西部最有可能最先发展成为全球性的能源大基地，创造领先、领导全球太阳能革命的特别优势，并且成为推动中国经济发展的新动力。**

第二章 太阳能科技与产业评估

如果将太阳能光热资源看成是化石能源时代的煤炭、石油、天然气，那么太阳能科技与产业就是太阳能时代的蒸汽机、发动机，将光热资源转化为能源和动力。只有这两者结合才能构成未来的能源革命、太阳能革命，以及建设太阳能时代。

太阳能革命的科技与产业在未来四十年中，会有不断的发展，核心是光伏产业体系，在此基础上会延伸两个太阳能技术体系，构成完备的太阳能革命产业体系，形成太阳能革命、太阳能时代的产业基础。

一、光伏产业技术体系

实现太阳能革命的科技与产业已经成熟，这就是光伏产业技术体系。光伏产业技术体系由两个核心内容构成。

一是光伏晶体硅的生产体系。光伏晶体硅是整个光伏产业的最基础内容，在光伏晶体硅的基础上延伸整个光伏产业。

二是电池片技术体系。电池片技术体系是在晶体硅的基础上进行深化，产生光电转换功能，最终实现光伏电的获得。

二、太阳能技术体系发展的未来

太阳能技术体系在"太阳能未来"有一个不断深化的发展过程，目前光伏体系已经基本成熟，还需要一个完善过程。整个太阳能技术体系还需要一个全面、深入发展过程，以解决光转换热、光全面利用的问题，以及"光+光电+光热"的系统集成问题。

从目前看，太阳能技术体系应该有以下三个发展内容。

第一，光电体系的继续完善与发展。

第二，"双光"体系的发展，解决"电+热"的问题，实现光电、光热联合发展的技术体系，充分发挥光热的系统效果——热、热电。如果"双光"技术能够全面发展，那么整个太阳能技术体系就基本完善，光能就可以得到最大程度利用，同时还能解决彼此不足的问题：光伏周期性的不均衡问题；光热24小时稳定输出，但在成本方面与光伏还有一些差异。二者结合将实现太阳能技术体系的完美发展。

第三，绿色太阳能综合技术体系，在上述技术体系的基础上，与"太阳能未来"最大的应用领域——土地绿色改造、环境绿色改造结合起来，以此创造太阳能革命的最大价值。

此外，绿色太阳能综合体系还能彻底解决太阳能革命的重大瓶颈问题——锂资源严重不足的问题。

第一节　光伏科技与产业评估

一、光伏科技总体认识

（一）光伏发电基本特点与优势

1. 原理先进性

众所周知，电能的方便、安全是其他能源形式无法相比的，电能利用的广泛性和优越性无可替代。而光伏发电是从光到电的直接转换，从光子运动到电子运动的直接转换，没有任何中间过程，简便、快捷。

太阳能电池是最早的光子器件。目前，晶体硅太阳能电池的平均转换效率为19.5%（BSFp型多晶黑硅电池）~24.2%（n型单晶异质结电池），太阳能电池的转换效率还存在提升空间，预计转换效率25%~30%，甚至转换效率更高的太阳能电池也有可能被开发出来。另外，通过光热/光伏结合，可以进一步提高太阳能利用的综合效率。

2. 硅资源无限性

特别说明：目前尽管有许多光伏材料技术在发展，但核心只能是硅基光伏，主要是未来光伏材料必须具备资源量足够大的特性，能够承载太阳能革命对光伏材料的天量需求，不能满足这一点的光伏材料技术体系基本是没有前景的，这是可以下结论的。

由上述观点，我们考虑到相关问题，即硅资源的丰富度、用途，以及在太阳能电池中的应用问题。

核心原材料硅资源——沙中之宝。常言道"沙里淘金"。事实上，沙里面含有一种比金子有用得多的元素，这就是硅。沙的主要成分是二氧化硅。在地壳中，绝大部分的硅是以二氧化硅的形式存在的，据统计，二氧化硅占地壳总重量的87%，几乎"垄断"了地壳。大部分岩石和沙子中都含有二氧化硅。硅在自然界分布极广，地壳中约含27.6%，仅次于氧，居第二位。硅的用途很广，它可以以合金的形式使用（如铝硅合金、硅铁、硅钢），用于汽车和机械配件。也可与陶瓷材料一起用于金属陶瓷中，制成金属陶瓷复合材料，耐高温，富韧性，可以切割，既继承了金属和陶瓷的各自优点，又弥补了两者的先天缺陷。光纤通信领域离不开用高纯度二氧化硅拉制出来的玻璃纤维。有机硅具有独特的结构，兼备了无机材料与有机材料的性能，应用领域不断拓宽，其作用无法用其他材料替代。半导体行业更是离不开硅，作为集成电路核心的电子元器件，95%以上是用半导体硅制成的。半导体硅是当代信息工业的支柱。硅材料、硅器件和集成电路的发展与应用水平，早已成为一个国家的国防、国民经济现代化及人民生活水平的重要标志。

由于地球上矿物能源的加速消耗，能源危机不断加剧，此外传统能源消耗所产生的污染和温室效应对环境产生的压力不断加重，开发新能源、可再生能源、绿色能源已成为人类社会今天的重大课题。其中，用于太阳能发电的硅太阳能电池的研究与生产是最具前途的前沿科技之一，是发展光伏产业的必由之路。从光电效率讲，硅不是最理想的太阳能电池材料，但是，硅在地壳中的丰度高，本身无毒，主要是以沙子和石英状态存在，易于开采提炼，特别是借助于半导体器件工业的发展，晶体硅生长、加工技术日益成熟等因素，晶体硅成了太阳能电池的主要材料。从太阳能电池的实际要求来看，光伏行业所需的太阳能级硅材料的纯度要求相对于半导体行业所需的电子级硅材料要低几个数量级。目前通威所生产的硅产品中，有30%达到了电子级多晶硅国家一级标准，所有的硅产品均达到了电子级多晶硅国家二级标准，均可以用来生产一般的集成电路芯片。

随着光伏产业的飞速发展，半导体硅材料的研究与生产进入了新的发展期。国际上已有不少先驱者认为，硅可能在不久的将来会被归于"能源战略物资"，至少会像煤炭，被归于"能源材料"。中国高氧化含量的石英和硅石藏量丰富，分布很广，全国各地几乎都发现了高品位的含氧化硅矿，二氧化硅的含量大都在99%以上，其中规模较大的有江苏东海（2.5亿吨）、河南偃师（硅石产量占全国硅市场的1/6）、广西大化（2亿吨以上）、宁夏石嘴山（40亿吨）、湖北宜昌（3000多万吨）、四川乐山及广元（3000多万吨）、贵州从江（2000万吨）、贵州金沙（978万吨）、青藏高原东北部（储量全国第一）、云南昭通（20.33亿吨）、重庆开县（8000万吨）、吉林双辽（9亿吨）、山西平顺（26亿吨）等等。

硅材料占据了太阳能电池成本中的绝大部分。太阳能电池需要高纯度的原料，对硅材料的纯度要求至少是99.99999%，而半导体对硅材料的纯度要求还要高几个数量级。以往太阳能电池用硅材料基本上来自半导体工业的次品硅及单晶硅的头尾料，但随着光伏产业的迅猛发展，这早已不能够满足太阳能级硅产业的发展要求。硅材料是用二氧化硅作为生产原料，工业上是通过电弧炉，使二氧化硅与还原剂炭反应形成初级硅，也称冶金级硅。其基本反应为：

$SiO_2 + 2C \rightarrow Si + 2CO$

在高温下，二氧化硅与焦炭反应，得到冶金级硅，或称粗硅。冶金级硅的纯度在97%~98%，主要用于冶金或化学工业。为了得到高纯度的硅材料在半导体工业中应用，必须采用化学或物理的方法对冶金硅进行提纯。工业上将冶金级硅经过破碎研磨后成为硅粉，先通过酸洗，再通过化学反应使之变成硅的氯化物或氢化物，然后通过化学或物理提纯方法纯化氯化物或氢化物，最后采用氢还原法或热分解法，将高纯度的硅的氯化物或氢化物转变成高纯硅。理论上讲，可采用三种方法制取高纯多晶硅材料，即SiCl4、SiHCl$_3$还原法和SiH$_4$热分解法，具体的反应过程如下：

$SiCl_4 + 2H_2 \rightarrow Si + 4HCl$ （1100~1200℃）

$SiHCl_3 + H_2 \rightarrow Si + 3HCl$ （900~1100℃）

$SiH_4 \rightarrow Si + 2H_2$ （800~1000℃）

从中可见，SiCl$_4$法温度比SiHCl$_3$法高，制取SiCl$_4$时氯气消耗量大，此种方法现已少用。而SiH$_4$法由于消耗金属镁等还原剂，以及SiH$_4$本身易燃、易爆等，在一定程度上受到限制。但此法去除硼杂质很有效，无腐蚀性，生产的硅质量高，多用于外延生长。用

$SiHCl_3$生产高纯硅时反应温度要比用SiH_4高。目前，高纯多晶硅生产在工业上广泛采用$SiHCl_3$还原法，也称西门子法。

化学提纯法不可避免地会对环境产生污染。近年来，物理提纯法制备高纯多晶硅逐渐得到了重视。其基本过程是将冶金级硅熔化，蒸发除去部分杂质，然后定向凝固，分凝出金属杂质，重复熔化，再定向凝固，以此达到提纯目的。

通过上述方法得到的高纯硅原料，可破碎后作为直拉法生长单晶硅的原料，也可作为悬浮区熔法制备区熔单晶硅。直拉法通常包括引晶、缩颈、放肩、等径生长、收尾、冷却等过程，最后通过多线锯可将单晶硅棒切成单晶硅片。

铸造多晶硅可以使用高纯硅原料，也可使用单晶硅棒的头尾料等，与前者相比，后者成本低，质量相对较差。铸造过程包括装料、加热、化料、晶体生长、退火和冷却几个步骤。之后同样是通过多线切割得到多晶硅片，多晶硅片产量通常比单晶硅片更大。

3. 环境友好性

光伏发电设备在使用期间，无排放、无噪声、无辐射、无任何燃料需求、无转动部件，是真正安全、环保的供电方式，不会对生态造成影响，随时可移动、可搬迁、可扩容，不造成任何地质破坏。

4. 用途多样性

光伏发电由于可提供直流电，可以直接给直流负载供电，也可以很容易地通过逆变转变为交流而供交流负载使用。可以实现固定地点发电，也可车载移动发电，只要有光照射就能发电。具体使用形式简单列举如下。

太空发电：光伏发电已经成功地用于卫星、太空站、飞船、航天飞机等，没有光伏发电技术，就没有今天太空技术的发展。将来的太空光伏电站的建立，将给人类提供稳定、充足、安全的电能，满足人类生活、生产的需求。

地面发电：可用于照明、交通、通信、工业、农业、军事等多方面。此外，光伏发电规模可大可小，小到一个手电筒，大到一个百兆瓦级的电站。小型光伏发电方便移动，卸装方便快捷，适合野外和军事用途，适合在海岛、沙漠等无电网区域使用。在城市可与公用电网并网并且可与建筑结合，实现光伏发电与建筑一体化。

此外，光伏发电系统技术发展也很快，随着大规模的示范推广使用，光伏发电技术将更加成熟。光伏发电系统主要分两种形式：独立和并网。各有适合的使用范围，并网是发展主流，城市的光伏建筑一体化将会有很大发展。

5. 发展可持续性

目前光伏产业已进入快速发展期，在2019年已经具有与化石能源竞争的能力。业界认为在2040年光伏将作为主体能源，成为人类最主要的能源供应形式。

光伏发电技术具有不可替代性，光伏发电产业是从无到有，从小到大，百年产业，万年产业，长久伴随人类，光伏发电将会像粮食、空气和水一样对人类不可缺少。

二、光伏产业体系未来发展评估

光伏产业的未来发展能否延续过去的趋势，这是一个非常重要的问题。目前光伏发展已经基本到了能源革命、光伏革命的临界点。此时，太阳能完全可以实现与化石能源的全面竞争，甚至在价格上完全低于化石能源，特别是低于煤电。这是能源革命进入到光伏革命的重要标志。

光伏产业已经进入成熟期，还有一个继续完善的过程，这个过程大约持续十年，整个光伏产业体系就基本达到完善境地。对未来十年光伏产业的可能进展评估如下（下文主要参考中国光伏行业协会的相关报告）。

（一）多晶硅环节

1. 还原电耗

多晶硅还原是指$SiHCl_3$和H_2发生还原反应，生成高纯度硅料的过程，其电耗包括硅芯预热、沉积、保温、结束换气等过程中的电力消耗。2021年，中国多晶硅料的平均还原电耗约为46kWh/kg。未来在大型还原炉的使用、菜花料的使用、气体配比的优化等带动下，到2030年还原电耗有望下降到42kWh/kg~Si。2021~2030年，多晶硅还原电耗的变化趋势如图35所示。

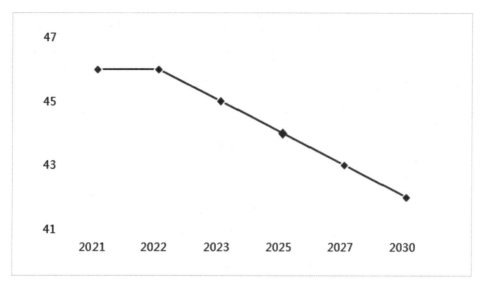

图35 2021~2030年多晶硅还原电耗变化趋势（单位：kWh/kg~Si）

2. 综合电耗

综合电耗是指工厂生产单位多晶硅产品所耗用的全部电力，包括合成、电解制氢、精馏、还原、尾气回收和氢化等环节的电力消

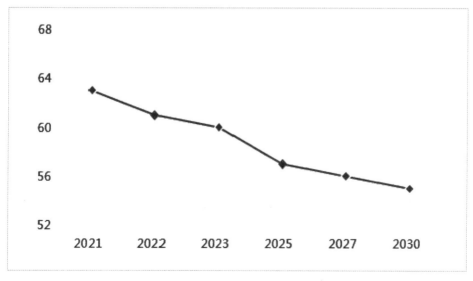

图36 2021~2030年多晶硅综合电耗变化趋势（单位：kgce/kg~Si）

耗。2021年，中国多晶硅平均综合电耗已达到63kWh/kg~Si。随着生产装备技术提升、系统优化能力提高、生产规模增大等，预计至2030年多晶硅的综合电耗有望下降至55kWh/kg~Si。目前硅烷流化床法颗粒硅的综合电耗较三氯氢硅法棒状硅低40%~50%。2021~2030年，多晶硅综合电耗变化趋势如图36所示。

3. 综合能耗

多晶硅综合能耗包括多晶硅生产过程中所消耗的天然气、煤炭、电力、蒸汽、水等。2021年，中国多晶硅企业的平均综合能耗为 9.5kgce/kg~Si。随着技术进步和能源的综合利用，预计到2030年综合能耗可以降至7.6kgce/kg~Si。2021~2030年，多晶硅综合能耗变化趋势如下图37所示。

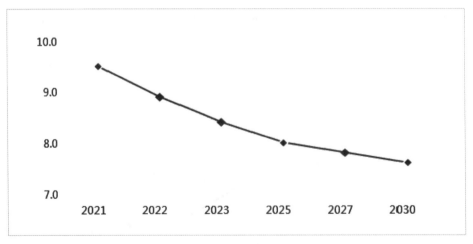

图37　2021~2030年多晶硅综合能耗变化趋势（单位：kgce/kg~Si）

4. 还原余热利用率

还原余热利用率是指回收利用还原工艺中热量占还原工艺能耗

180

比。2021年，中国多晶硅行业还原余热利用率平均达到81%。随着大型还原炉的使用以及节能技术的进步，余热利用率有望进一步提升，但考虑设备本身散热和尾气带走热等相关影响，预计2030年还原余热利用率大致为83%。2021~2030年，多晶硅还原余热利用率变化趋势如图38所示。

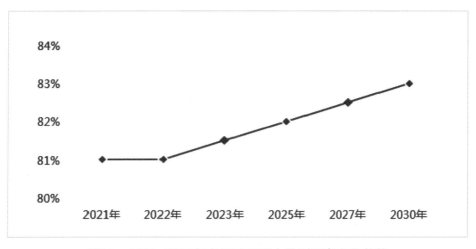

图38 2021~2030年多晶硅还原余热利用率变化趋势

5. 各种生产技术市场占比

当前主流的多晶硅生产技术主要有三氯氢硅法和硅烷流化床法，产品形态分别为棒状硅和颗粒硅。三氯氢硅法生产工艺相对成熟，棒状硅占95.9%。硅烷法颗粒硅市场占比4.1%。未来若颗粒硅的产能进一步扩张，并且随着生产工艺的改进和下游应用的拓展，市场占比会进一步提升。2021~2030年，棒状硅和颗粒硅市占率变化趋势如图39所示。

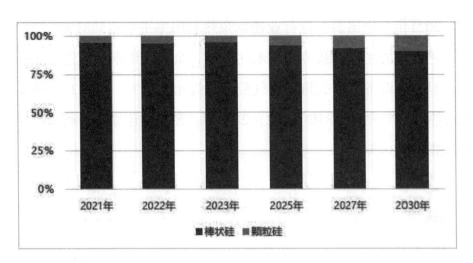

图39 2021~2030年棒状硅和颗粒硅市场占比变化趋势

6. 三氯氢硅法多晶硅生产线设备投资

2021年投产的万吨级多晶硅生产线设备投资成本为1.03亿元/千吨，较2020年小幅上升，主要是大宗金属材料价格上涨所致。预计

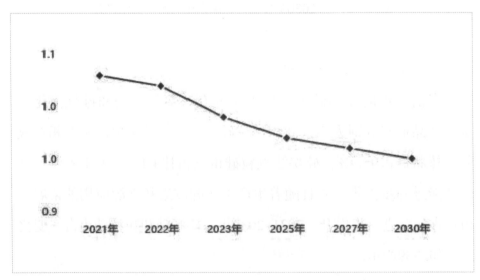

图40 2021~2030年三氯氢硅法多晶硅生产线设备投资成本变化趋势（单位：亿元/千吨）

未来随着生产装备技术的进步、单体规模的提高和工艺水平的提升，三氯氢硅法多晶硅生产线设备投资成本将逐年下降。预计到2030年，投资成本可下降至0.95亿元/千吨。2021~2030年，三氯氢硅法多晶硅生产线设备投资变化趋势如图40所示。

（二）硅片环节

1. 拉棒电耗

单晶拉棒电耗是指直拉法生产单位合格单晶硅棒所消耗的电量。2021年，平均电耗水平为23.9kWh/kg~Si。预计2021~2030年拉棒电耗变化趋势如图41所示。

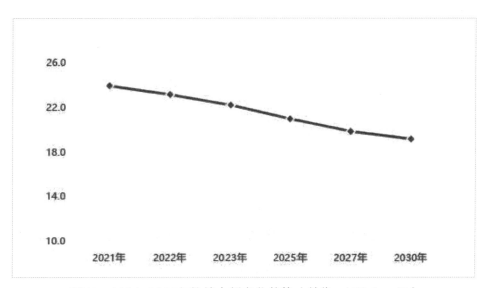

图41 2021~2030年拉棒电耗变化趋势（单位：kWh/kg~Si）

2. 硅片厚度

薄片化有利于降低硅耗和硅片成本，但同时也会影响碎片率。目前切片工艺完全能满足薄片化的需要，但硅片厚度还要满足下

游电池片、组件制造端的需求。硅片厚度对电池片的自动化、良率、转换效率等均有影响。2021年，多晶硅片平均厚度为178μm，由于需求较小，无继续减薄的动力，因此预测2025年之后厚度维持170μm不变，但不排除后期仍有变薄的可能。单晶硅片平均厚度在130~170μm。预计2021~2030年硅片厚度的变化趋势如图42所示。

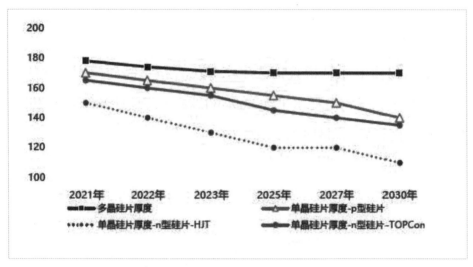

图42　2021~2030年硅片厚度变化趋势（单位：μm）

3. 不同类型硅片市场份额占比

2021年，单晶硅片（p型+n型）市场占比约94.5%，其中p型单晶硅片市场占比为90.4%，n型单晶硅片约4.1%。随着下游对单晶产品的需求增大，单晶硅片市场占比也将进一步增大，且n型单晶硅片占比将持续提升。多晶硅片的市场份额为5.2%，未来呈逐步下降趋势，但仍会在细分市场保持一定需求量。铸锭单晶市场占比达到0.3%，未来市场份额增长不明显。预计2021~2030年不同类型硅片市场份额的变化趋势如图43所示。

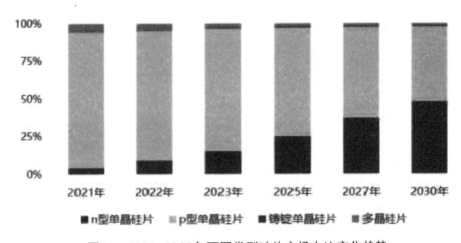

图43　2021~2030年不同类型硅片市场占比变化趋势

（三）电池片环节

表7：各种晶硅电池名称缩写及释义对照表

名称缩写	各种晶硅电池释义
Al~BSF	铝背场电池（Aluminium Back Surface Field）——为改善太阳能电池的效率，在p~n结制备完成后，在硅片的背光面沉积一层铝膜，制备P+层，称为铝背场电池。
PERC	发射极钝化和背面接触（Passivated Emitter and Rear Contact）——利用特殊材料在电池片背面形成钝化层作为背反射器，增加长波光的吸收，同时增大p~n极间的电势差，降低电子复合，提高效率。
TOPCon	隧穿氧化层钝化接触（Tunnel Oxide Passivated Contact）——在电池背面制备一层超薄氧化硅，然后再沉积一层掺杂硅薄层，二者共同形成了钝化接触结构。
HJT	具有本征非晶层的异质结（Heterojunction Technology）——在电池片里同时存在晶体和非晶体级别的硅，非晶硅的出现能更好地实现钝化效果。

名称缩写	各种晶硅电池释义
IBC	交指式背接触（Interdigitated Back Contact）——把正负电极都置于电池背面，减少置于正面的电极反射一部分入射光带来的阴影损失。
PERT	发射极钝化和全背面扩散（Passivated Emitter Rear Totally~diffused）——PERC技术的改进型，在形成钝化层基础上进行全面的扩散，加强钝化层效果。
MWT	金属穿透电极技术（Metal~wrap through）——通过在电池片上开孔并填充导电浆料而将电池正面电极引到背面，使得电池片的正、负电极均位于电池背面，从而发挥电池组件的低挡光、低应力衰减、不含铅等优势。
HBC	异质结背接触（Heterojunction Back Contact）——利用异质结（HJT）电池结构与交指式背接触（IBC）电池结构相结合形成的新型太阳电池结构。这种电池结构结合了IBC电池高的短路电流与HJT电池高的开路电压的优势，因此能获得更高的电池效率。
TBC	隧穿氧化层钝化背接触（Tunneling Oxide Passivated Back Contact）——利用隧穿氧化层钝化接触（TOPCon）电池结构与交指式背接触（IBC）电池结构相结合形成的新型太阳电池结构。这种电池结构结合了IBC电池高的短路电流与TOPCon优异的钝化接触特性，因此能获得更高的电池效率。

1. 各种电池技术平均转换效率趋势

2021年，规模化生产的p型单晶电池均采用PERC技术，平均转换效率达到23.1%；采用PERC技术的多晶黑硅电池片转换效率达到21.0%；常规多晶黑硅电池效率转换效率约19.5%，未来效率提升空间有限；铸锭单晶PERC电池平均转换效率为22.4%；n型TOPCon电池平均转换效率达到24%；异质结电池平均转换效率达到24.2%；IBC电池平均转换效率达到24.1%。今后随着技术发展，TBC、HBC

等电池技术也可能会不断取得进步。未来随着生产成本的降低及良率的提升，n型电池将会是电池技术的主要发展方向之一。预计2021~2030年各种电池技术平均转换效率变化趋势如表11所示。

表8：2021-2030年各种电池技术平均转换效率变化趋势

	分类	2021年	2022年	2023年	2025年	2027年	2030年
p型多晶	BSFp型多晶黑硅电池	19.5%	19.5%	19.7%	~	~	~
	PERCp型多晶黑硅电池	21.0%	21.1%	21.3%	21.5%	21.7%	21.9%
	PERCp型铸锭单晶电池	22.4%	22.6%	22.8%	23.0%	23.3%	23.6%
p型单晶	PERCp型单晶电池	23.1%	23.3%	23.5%	23.7%	23.9%	24.1%
n型单晶	TOPCon单晶电池	24.0%	24.3%	24.6%	24.9%	25.2%	25.6%
	异质结电池	24.2%	24.6%	25.0%	25.3%	25.6%	26.0%
	IBC电池	24.1%	24.5%	24.8%	25.3%	25.7%	26.2%

2. 各种电池技术市场占比

2021年，新建量产产线以PERC电池产线为主。随着PERC电池片新产能持续释放，PERC电池片市场占比进一步提升至91.2%。随着国内户用项目的产品需求开始转向高效产品，原本对常规多晶产品需求较高的海外市场也将转向高效产品，2021年常规电池片（BSF电池）市场占比下降至5%。n型电池（主要包括异质结电池

和TOPCon电池）相对成本较高，量产规模仍较少，目前市场占比约为3%。

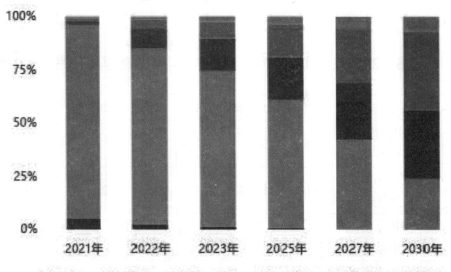

图44　2021~2030年各种电池技术市场占比变化趋势

3. 电池片单位产能设备投资额

2021年，新投电池线生产设备基本实现国产化，且仍以PERC产线为主，其设备投资成本降至19.4万元/MW产线，可兼容182mm及210mm的大尺寸产品，单条产线产能500MW以上。2021年TOPCon电池线设备投资成本约22万元/MW，略高于PERC电池，异质结电池设备投资成本40万元/MW。未来随着设备生产能力的提高及技术进步，单位产能设备投资额将进一步下降。预计2021~2030年电池片单位产能设备投资额变化趋势如图45所示。

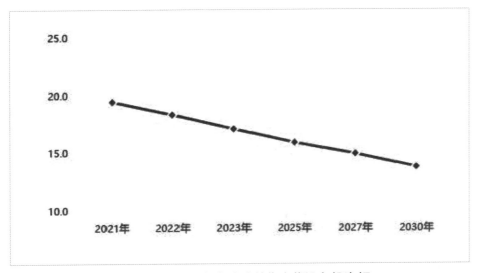

图45　2021~2030年电池片单位产能设备投资额

（四）组件环节

1. 不同类型组件功率

2021年，常规多晶黑硅组件功率约为345W，PERC多晶黑硅组件功率约为420W。采用166mm、182mm尺寸PERC单晶电池的组件功率已分别达到455W、545W；采用210mm尺寸55片、66片的PERC单晶电池的组件功率分别550W和660W。采用166mm、182mm尺寸TOPCon单晶电池组件功率分别达到465W、570W。采用166mm尺寸异质结电池组件功率达到470W。采用166mm尺寸MWT单晶组件72片、89.5片组件功率分别为465W和575W。采用210mm尺寸叠瓦TOPCon单晶组件功率为645W。预计2021~2030年不同类型组件功率变化趋势如表12所示。

表9：2021-2030 年不同类型组件功率变化趋势

晶硅电池72片半片组件平均功率（W）		2021	2022	2023	2025	2027	2030
多晶	BSF多晶黑硅组件（157mm）	345	345	350	~	~	~
	PERCp型多晶黑硅组件	420	425	425	430	435	440
	PERCp型铸锭单晶组件	450	450	455	460	465	470
p型单晶	PERCp型单晶组件	455	460	460	465	470	475
	PERCp型单晶组件（182mm）	545	550	555	560	565	570
	PERCp型单晶组件（210mm）（55片）	550	555	560	565	570	575
	PERCp型单晶组件（210mm）（66片）	660	665	670	675	680	685
n型单晶	TOPCon单晶组件	465	470	475	485	490	495
	TOPCon单晶组件（182mm）	570	575	580	590	600	610
	异质结组件	470	475	480	490	500	510
	IBC组件（158.75mm）	355	360	365	375	380	385
MWT封装	MWT单晶组件（72片）	465	470	488	505	513	520
	MWT单晶组件（94.5片）	575	580	590	595	600	605
叠瓦	TOPCon单晶组件（210mm）	645	650	655	660	665	670

三、光伏产业技术特别评估

对未来产业发展的最终结果，需要有一个特别评估，说清三个大问题。这些问题涉及整个光伏产业最终的基本走向与结果。

（一）特别评估一

硅光伏产业在未来十年基本可以走到最完善地步，主要指标是两个：一是总成本还能降低多少；二是光电转换效率。

总成本还可以降低30%左右，超过40%比较困难。总成本降低主要由以下三个要素决定。

一是晶体硅制作的能耗。这个能耗历来是太阳能电池的最主要成本，还可能降低10%~20%。

二是电池片的厚度。这直接决定单位电池的晶体硅消耗量，还可以降低20%~30%，甚至30%~50%。相当于硅耗可以降低20%~50%。这是光伏产业的核心指标，仅此指标就表明未来光伏还有巨大的潜力可挖。

三是电池的光电转换效率。目前这方面有可能取得较大进步，主要因为业界采取了两个重要措施：普遍采用单晶硅、发展N型半导体电池。这两个措施综合效果可以实现电池光电转换效率提高10%以上。

上述措施是太阳能电池的未来主要发展要素，最终有可能实现电池成本降低30%的结果。

（二）特别评估二

太阳能电池产业体系将可能在未来5~10年基本完善，按照光伏行业协会的相关预测，最终可以实现发电端0.05元一度电的市场结果（最好光资源利用结果）。此外，2021年阿布扎比实现的光伏最低中标电价为1.04美分/度，约0.07元/度。

发电端0.05元一度电的情景下，其自然结果就是自下而上的太阳能革命，0.05元一度电就相当于5美金一桶石油——未来的化石能源可以有一个很好的归宿——能源革命的下一棒可以交给太阳能革命、光伏革命。

（三）特别评估三

太阳能革命中，光伏革命将是未来中国最大的发展机遇，未来10~20年是关键发展期。

非常可能，"光伏革命"将是引领全球"太阳能未来"的最大推动力，也是中国崛起的领先机制、领导机制，也是中国、世界"太阳能革命"的最大机遇，这是中国光伏产业界、太阳能产业界的历史性机遇。可以预料，在这个机遇下，全球新型的能源体系、新经济体系将由此产生、由此发展、由此崛起。

第二节 光热产业科技发展评估

光热技术的发展历史比光伏更加悠远长久，过去一直被业界抱有最大希望，虽然近10~20年，光热被光伏远远抛在后面，但是光热技术在未来仍具有巨大前景，主要有如下三点考虑。

1. 特别考虑一

理论上讲，光转换为热的效率可以达到90%以上，甚至可以达到95%。热转换为电理论上可以实现50%-55%左右，光最终转换为电的理论效率可以达到45%-50%。但从理论到实际应用，路程非常遥远，光热发电涉及的技术体系与成本困难太为巨大。特别是一些光热关键技术，如光转换热的过程涉及一系列技术，如何解决、如何提高，目前还存在一系列问题。此外，系统降低成本，始终是光热发展的瓶颈问题。

2. 特别考虑二

光热发电最大优势是稳定性，可以实现全天24小时的稳定输出，如果光热发电能够在价格上取得成功，与光伏协调，以此实现"双光"发展，这将是太阳能发展的最佳结果。可以最大限度减小

目前光伏发电所需要的特别储能，以及其他配合机制。

"双光"发展具有实现的巨大现实可能性，目前最具标志性的光热发电工程是上海电气等单位于2019年在迪拜的成果，实现了7.3美分的度电收购价。这个结果在光热发电史上具有里程碑的意义。目前整套技术体系还属于中试的最后阶段，或者是商业应用的最初阶段。

假以时日，按光伏发电的发展历程来看，光热发电成本降低50%~70%是完全有可能的，甚至降低70%以上都是可能的。倘能如此，"光热发电"将与"光伏发电"比翼双飞，成为"光伏发电"的最佳配合机制。

非常可能，在未来的"太阳能时代"，夜间电将主要由光热发电来承担。

3. 特别考虑三

光热的另一个最大用途就是热利用。

热利用在传统的生产与生活过程中，作用非常大。未来可能最大的发展将是在寒冷地区实现大规模的人类居住方面，以及对寒冷地区系统、大规模的土地利用与改造，以实现寒冷地带的土地绿色化。

此外，在未来的星际文明中，大规模建立人类生活区，光热技术将是其最基础的工程技术。

一、光热产业总体评估

"太阳能革命"的本质是太阳能的直接利用，有"光伏"和"光热"两种基本形式。第一阶段的代表性产业是光伏产业，目前技术已成熟，但还需要解决作为主体能源需要的稳定性问题。在现有技术条件下解决这个问题，成本将有增加，需要有专门发展工作。

作为太阳能直接利用的另一种方式，"光热技术"有五个优点：1. 光热热转换为电的理论最大效率可达45%左右；2. 与现有能源体系接轨（热电体系）；3. 自带储能属性；4. 能够发展综合能源体系（电和热）；5. 能以最优方式提供热能供应。

从目前情况看，全球光热产业发展的标志性工程——上海电气于2019年在迪拜的"950MW光热+光伏"发电项目，其度电价格已做到7.3美分，工程所有设备都是在没有实现规模化生产条件下采购的，未来光热发展实现大幅度的降成本、增效益、补功能是必然的，势将成为"太阳能革命"第二阶段的重要内容和重大标志。光热与光伏形成"双光体系"，特别在储能、夜间供电、白天配电方面配合光伏全面发展方面有巨大前景。这应该是未来太阳能革命的重要内容。

目前的光热产业类似于5-10年前的光伏，还处于爆炸性发展的战略节点和机遇期。

未来5~10年，光热在热能提供方面将逐步实现全面发展——在

乡村、小城镇方面可以很快实现光热能源供应；同时在小型、分布式能源方面全面发展（光热综合利用：热能、光热电、光热制冷）。

　　未来10~20年，光热在中高温、高温发电体系中取得全面发展，主要在大型发电体系与区域性分布式能源体系中，取得重要地位（特别在海外分布式能源、区域性能源发展方面）。一是基本技术体系全面完善；二是产业化全面实现（降低成本、系统集成全面完成），在性价比、综合性能方面能够与光伏结合，形成"双光体系"，共同推进太阳能革命，从而根本改变世界环境、农业、旅游产业、海水淡化、阳光农业、阳光旅游——为世界带来新的面貌。

　　如下光热产业现状及技术变化趋势方面的内容，主要参考了太阳能光热产业技术创新战略联盟的相关报告。

二、光热产业发展现状及相关考虑

（一）光热产业发展现状

1. 全球发展现状

　　2021年底，全球太阳能热发电累计装机容量约6800MW。2021年，全球新增太阳能热发电装机容量110MW，是智利太阳能光热光伏混合项目中的太阳能热发电站，装机容量为110MW，储热时长为17.5小时。下图46为2014~2021年全球及中国太阳能光热发电累计装机容量。

　　在全球太阳能热发电装机中，槽式技术路线占比约76%，塔式约占20%，线性菲涅尔技术约占4%。

图46 截至2021年全球光热发电装机容量

2. 中国发展现状

（1）光热发电装机量概况

截至2021年底，中国光热发电累计装机容量538MW（含MW级以上规模的发电系统）。下图47为2012~2021年中国累计太阳能光热发电装机容量。

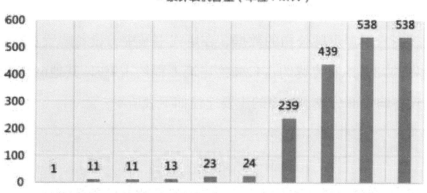

图47 截至2021年中国累计装机容量

（2）技术路线概况

中国已建成的光热发电系统中，塔式技术路线占比约60%，槽式约占28%，线性菲涅尔技术约占12%。

（二）光热发电主要问题及相关考虑

太阳能热发电易于配置大容量、长周期、更安全低碳的储能系统，且采用常规汽轮发电机组，系统具有转动惯量和电网同步机特性，是一种灵活性调节电源，非常符合当前高比例不稳定可再生能源电源并网情境下电网安全稳定运行对快速调峰电源的迫切需要，能够为构建新能源为主体的新型电力系统奠定安全稳定的基础。

目前太阳能热发电大规模发展面临的最主要的障碍是一次投资过大、发电成本相对较高。如何降低太阳能热发电成本是产业进一步发展面临的重大挑战。如下为降低发电成本的基本考虑。

1. 降低总投资和运维成本

（1）降低总投资途径

在太阳能热发电站总投资中，聚光、吸热和储热系统成本所占比例较高。根据可胜公司的数据，在塔式电站中，设备购置费约占总投资的73%，安装费约占12%，建筑工程约占9%，其他6%。其中，设备购置部分成本下降的主要途径如下表所示：

表10：太阳光热发电设备购置成本下降的主要途径

设备	成本下降路径	电站造价降低值（≥，绝对值）
聚光场	定日镜：用钢量降低、生产效率提高、新的转动结构、竞争效益；镜场控制系统：软硬件成本下降。	10.7%~15.4%
吸热器系统	材料国产化、加工优化及产业规模化。	1.03%~1.49%
储换热系统	储罐设计优化、加工成熟、集中采购；熔盐阀门及熔盐泵国产化；运维费降低；熔盐规模化发展。	3.59%~5.66%
热力发电系统	设计优化、集中采购。	1.4%~2.1%

此外，根据国际经验，技术进步对太阳能热发电成本降低的贡献率约42%，规模化的贡献率约37%，批量生产的贡献率约21%。据中国企业的测算，在理想情况下，规模化发展带来的电站总投资整体下降可达18.42%~27.56%。

（2）降低运维成本

根据国际可再生能源机构（IRENA）的报告，太阳能热发电站的运维成本主要包括两大类：保险（这部分每年的费用约占初始资本支出的0.5%~1%）和维护（主要包括反射镜清洗和更换）。

国外光热电站业主降低运维费用的方式侧重在维护；对于运营商来说，一种降低维护费用的方法就是采用预测分析工具，另一种方法就是以最小化清洁成本的方式设计电站。一些新的研究表明，在太阳能热发电站的设计和建设中提前进行良好决策和计划，可持久性地降低其后期的运维成本。国际上槽式光热电站平均运维成本约0.15~0.211元/kWh，塔式光热电站平均运维成本约0.211~0.282元/kWh。

华北电力大学的一份研究报告指出，如果运维成本下降20%，塔式、槽式、线菲太阳能热发电站的内部收益率将分别从12.33%、11.72%和11.43%增加至13.41%、12.79%和12.49%。中国某50MW光热电站运行费用大约在0.05元/kWh，主要包括检修费用、水电费、材料费、人工成本等，其中人工成本占比最高。未来随着光热电站装机规模的提高，人工成本上升幅度不大，同时因运行经验的不断提升，预计未来光热电站的运维成本将会显著下降。

2. 提高效率

太阳能光热发电涉及聚光、传热和热功转换等方面，由光能转换成电能需要经过多个能量转换和传输过程：光的聚集与转换过

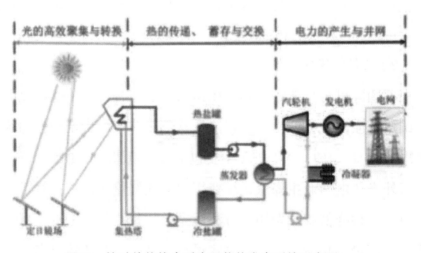

图48 熔融盐传热介质太阳能热发电系统示意图

程；热量的吸收、蓄存与传递过程；热功转换过程。光热电站的效率与装机容量、设计点太阳直射辐照度、汽轮机入口参数、蓄热系统容量、年日照时数、辅助能源所占百分比等诸多因素有关。

　　如下图49所示，为一座典型塔式太阳能热发电站的能量传递构成图。由图可见，聚光、吸热及热功转换过程是构成系统能量和效率损失的主要部分，约占总损失的97%，因此提高太阳能热发电效率关键在于提高聚光、吸热及热功转换过程的效率。

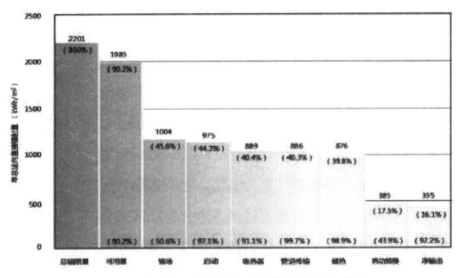

图49　塔式太阳能热发电站的能量传递构成图

第三节　绿色太阳能体系及评估

绿色太阳能体系需要特别说明如下两点。

●特别说明一

绿色太阳能体系是"太阳能未来"最核心发展内容之一。"太阳能未来"需要根本性解决荒漠化土地的绿色化，实现"沧桑变良田"这一前所未有的人类壮举。

绿色太阳能体系是以"光伏革命"和"光热革命"为基础而实现的系统集成。这是没有重大技术障碍就完全可以实现的，主要通过海水淡化获取天量的淡化水，以天量的淡化水进行荒漠化土地的绿色改造。

如果成功，人类的有效生活与居住面积将增加约30%左右。对中国而言，意义更加重大。如此，中国的可实际生活面积将增加30%-50%，这对中国发展是具有历史性意义的期盼。

●特别说明二

解决荒漠化土地的绿色化改造，主要依靠发电端0.05元一度电这种"空前廉价"的能源进行海水淡化，以天量的淡化水进行荒漠化土地的绿色改造。

实现中国西部的荒漠化改造，每吨水需要10~15度电量的综合成本，如果考虑0.05元一度电的成本，是1元钱左右。即使再增加其他方面的考虑，2元钱/吨水左右也完全能够实现最终利用的综合效果。"东水西调"改造中国西部，完全可能成为中国太阳能未来中一幅美丽的图景。

此外，大规模海水淡化还可以根本性解决太阳能革命的"锂"资源瓶颈问题，同时还可以大规模降低海水淡化的成本。

中国土地绿化改造的成本是世界平均水平一倍左右，因而，中东、北非、澳大利亚、美国的荒漠改造将是未来世界土地绿色革命的主要内容。

一、基本介绍

"绿色太阳能体系"是第三代太阳能综合技术应用体系，是集"双光结合"+"绿色生态"综合式发展的系统集成体系，它将以"光伏+光热"为基础，综合获取并运用太阳能量——集"海水淡化、发电、储能、新型盐化工、节水农业"于一体，进行全球大量沙漠的绿色生态改造。

其中海水淡化是绿色生态改造的基础，是第三代太阳能综合技术体系最核心的发展方式。

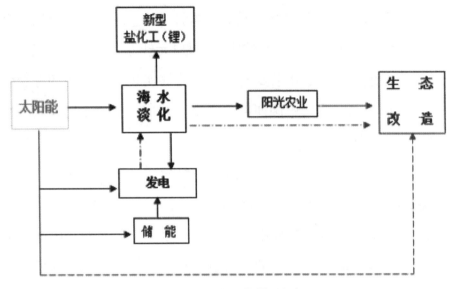

图50　绿色太阳能体系框架

第一代太阳能技术体系是光伏，目前发展非常成熟，预计未来5~10年各项技术指标可以基本实现完美结果。

因受限于稳定性问题，从当前发展背景评估，光热与光伏的结合是解决"可持续的稳定性供能"的最理想方式，即第二代太阳能技术体系。

二、基本评估

（一）能源提供量评估

从长远看，第三代太阳能技术体系非常可能是未来全球规模最大的产业体系之一，除了解决传统能源需求以外，还需要解决深度绿色发展问题：

1. 未来人均0.1–0.2亩土地上获取的太阳能量即可满足人类的能源需求；

2. 未来需要人均2–5亩土地来解决绿色生态问题，包括澳大利亚、美国、中亚、中国等都需要太阳能深度利用的绿色生态改造，以期建设一个更加绿色的世界。

（二）绿色改造基本评估

太阳能时代，可以实现对荒漠化土地以及缺水的贫瘠土地进行深度绿色改造，主要依靠海水淡化的大规模应用，初步评估，可以对约200–300亿亩土地的深度绿色改造，为全球提供更优的绿色生态环境。

1. 用水量评估

单位土地（亩）改造年需用水量为300~1000吨，全球绿色时代土地改造的年需用水量为6万亿~30万亿吨。

2. 副产品锂资源提供量评估

海水中锂资源浓度为千万分之二，每年30万亿吨海水淡化可以提炼500万~600万吨锂，二十年可以提供约1亿吨锂资源，是目前全球锂资源总量的2~3倍，届时可完全解决全球所需的锂资源问题。

第四节　能源稳定性特别考虑

传统电力系统基本能够保持供电的稳定，并且能够与整个产业体系、经济体系协调一致。而太阳能发电呈现出显著的间歇性和波动性的特点，导致其与用户相对固定的用电需求难以匹配。解决太阳能体系的能源稳定性问题，需要在光伏发电的基础上匹配能源稳定体系。建设这个稳定体系涉及较多的问题，储能体系是关键措施，其中抽水储能与电动汽车充当储能终端在太阳能革命发展中具有特别意义。

水能是大自然给予人类的特别眷顾，其中对中国更有特殊意义。充分发挥这种优势，建设特殊的抽水储能系统对中国乃至世界太阳能革命都有重大意义。

此外，未来的电动汽车是整个用能体系的主要内容，其中电动汽车的电池既是最大的动力储存端，也可认为是一个大的储能体系，充分利用，对建设一个稳定的储能体系意义重大。

一、抽水蓄能

储能有多种办法，从原理上讲，物理法是效率最高的方式。其中，抽水储能非常可能是未来最有前景的储能技术与产业体系。此外，抽水蓄能现阶段技术成熟、成本最低，具备大规模发展潜力。

另据澳大利亚国立大学的研究显示，仅需中国潜在抽水蓄能电站容量的1%，即可支撑中国构建100%可再生能源的电力系统。这个研究尽管还需要深入，但是初步结论对我们发展抽水蓄能还是具有鼓舞意义。

（一）基本原理

抽水蓄能电站的基本原理是重力势能和电能的相互转换，主要由两座海拔高度不同的水库、水泵、水轮机以及配套的输水系统等组成。当电力需求较低，有电能盈余时，利用电能将位于较低海拔处水库的水抽至较高海拔处水库，将暂时多余的电能转化成势能进行储存。当电力需求较高，有电能短缺时，将高海拔水库的水释放，使其回到低海拔水库并且推动水轮机发电，以实现势能到电能的转化。

（二）基本评估

1. 中国资源优势

（1）水能资源量大，居世界首位

中国水能资源蕴藏量位居全球第一。据统计，规模以上水电站技术可开发装机容量约为6.87亿kW，年发电量约3万亿kWh。

（2）特殊地势利于抽水蓄能

中国发展抽水蓄能的最大优势是水资源流经区域具有非常大的落差。水能由两个要素组成，一是水量，二是落差，二者都与水能呈正比关系。理论上来讲，中国西部可以利用的水能落差大约在2000m左右，长江主干道的落差在1500m以上，黄河的中游的落差约900m。这个落差是远远高于世界最大水资源国家可利用的落差高度，这是中国发展抽水蓄能优于世界其他国家的最大资源优势。充分利用这个巨大的落差，完全可以建设一个匹配太阳能革命的主体储能体系，并且理想、环保、绿色，将是推动中国太阳能革命的重大资源禀赋。

其中，长江与黄河都起源于青藏高原，它们都具有巨大的水能落差的资源优势，并且主要落差优势都在西部区域，与未来中国西部太阳能基地具有非常好的距离优势，长江、黄河两大水资源体系的上游与中国西部能源基地的直线距离在1000KM左右，可以很好地匹配未来中国的主体太阳能发电体系。

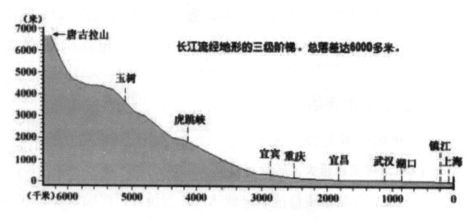

图51　长江流经地形的三级阶梯

中国地势西高东低，呈阶梯状分布，许多河流在流经阶梯交界处时落差大，特别在西部上游地区表现得特别明显。

2. 技术等相关优势

抽水蓄能是目前最为成熟的储能技术，在全球已并网的储能装置中，抽水蓄能占比约90%。

除了技术成熟可靠，抽蓄电站还具备容量大、经济性好、运行灵活等显著优势。另外，由于水的蒸发和渗透损失相对较小，抽水蓄能系统的储能周期范围较大，从几小时到十数年均可，是典型的能量型储能，放电时间达到小时至日级别。作为机械储能，抽蓄电站运行效率稳定在高位，不会受到长时间使用导致能量衰减等问题的困扰，使用寿命长，同时不产生污染，可长期循环使用，节能环保程度极高。

3. 成本优势

基于其技术成熟、循环次数多、使用寿命长且损耗低等特点，抽蓄电站的度电成本优势大。基于对各类储能电站的投资成本、发电效率、维护成本等一系列假设下，抽水蓄能电站的度电成本最低。

抽水蓄能的成本主要分为充放电设备成本和存电量成本。充放电设备，即水轮发电机组，成本低。存电量成本，即水库工程，成本略高，因此适合使用小水库容量，采用多安装水轮发电机组、超快充放电、电量高速周转的方案进行优化。优化之后，对应的度电成本可以下降至0.04元/kWh，显著低于压缩空气储能、电化学储能等其他方案。成本测算及优化方案如下：

（1）成本测算

度电成本（LEOE）是对项目运营期限内的成本和放电量进行平准化，即运营期限内的成本现值除以运营期限内放电量现值。受每日平均充放电时数、系统建设成本、运营及其他成本、充放电效率、折现率等各种因素影响，综合考虑这些因素及各种计算公式，拟采用以下公式计算度电成本。

$$LCOE = \frac{I_0 + \sum_{n=1}^{n}\frac{A_n}{(1+i)^n}}{\sum_{n=1}^{n}\frac{Y_n \times \eta}{(1+i)^n}}$$

I_0：项目的初始投资；

A_n：第n年的运营及其他成本。抽水蓄能按较大规模集中运营及其他成本0.06元/瓦测算。

Y_n：第n年的放电量。受每日平均充放电时数影响。

η：充放电效率。暂按75%测算。

i：折现率。

n：电站运营期限，单位为年。

现阶段抽水蓄能建设成本约5000元/kW（存电量为5小时左右），目前抽水蓄能电站基准折现率多在4%~5%，此处折现率取4.5%。运营期限n按30年。在此基础上可以计算得到现阶段的抽水蓄能度电成本约为0.26元/kWh。

（2）优化方案

抽水蓄能建设成本：采用小水库容量（存电量1~2小时）方案，通过多次循环增加系统每日平均充放电小时数，可以实现快速充放电。充放电功率在最大功率范围内是可调的，比如可以3小时充满，5小时放完，循环3次，可以实现充电9小时，放电15小时，折算到满发小时数为（9+9）；也可以3小时充满，3小时放完，循环3次，可以实现充电9小时，放电9小时（9+9）；循环4次，可以实现充电12小时，放电12小时（12+12）；也可以5小时充满，3小时放完，循环3次，可以实现充电15小时，放电9小时，折算到满发小时数为（9+9）。冗余配置的水轮发电机组对电网也是一个重要支撑，可以起到保护电网的作用。如此，建设成本可以降到约2000元/kW。

折现率：考虑到目前和今后中国以及发达国家的主流状况，无论是折现率还是当期实际利率水平都会维持在1%~3%的较低水平，尤其是类似大资金、长周期、低风险项目折现率一般较低，此处取2%。

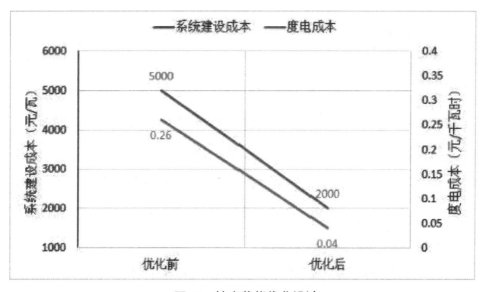

图52　抽水蓄能优化设计

抽水蓄能电站运营期限n：抽水蓄能电站实际可以运行50年，甚至长期运营，此处折旧取50年。

如此优化，对应度电成本从0.26元/kWh下降至0.04元/kWh。

通过优化设计，抽水蓄能系统建设成本可以降至2000元/kW，同时合理地增加充放电时数，充电10小时，放电10小时，在现有技术条件下，抽水蓄能基本可以达到0.04元/kWh左右的度电成本。

（三）综合评估

1. 实现水力资源的最大利用

抽水蓄能在现有的基础上可以实现两个最大利用：现有水资源的最大利用；现有水力发电的最大利用。可以充分实现未来太阳能革命中水力资源的新型利用方式。

2. 效率评估

抽水储能的大规模利用，涉及如何实现最大效率问题，现有的抽水蓄能基本效率评估主要涉及两个要素，一是规模性使用水资源发电的效率，二是规模性抽水的效率。按目前的技术体系测算，两个方面的效率都接近90%左右，整个抽水蓄能的综合效率按我们的测算大致80%左右，与其他体系测算基本一致。

如果未来发展新型抽水储能体系，在水能利用上进行深度改进工作，效率提高10%~20%是有希望的。主要在于水流的摩擦损失，以及水落过程能量的充分利用。

这一点类似于煤电体系中的超超临界所实现的能量精准利用，其燃煤损耗可以控制在1%左右，做的非常精致。未来的水能完全可以充分、精致利用，构成更加完美的抽水储能发展体系。

3. 抽水蓄能可以成为中国太阳能革命的重要组成部分

按照中国水资源的特别禀赋，以及中国未来太阳能发展的战略愿景，中国水资源完全可以打造成最佳、充分匹配未来太阳能革命发展的主体储能体系，构建未来中国与世界的新型、绿色能源体系。

说明：现有抽水蓄能系统的相关测算，抽水蓄能现阶段系统建设成本约5000元/kW，综合效率为75%以上，100米水头下，1度电仅需4吨水量，清洁环保，循环利用。

4. 抽水蓄能系统综合效率测算

中小型抽水蓄能系统综合效率为75%~85%，大型系统的平均综合效率在90%以上。抽水蓄能系统包括两个过程，系统充电过程和系统发电过程。具体测算如下：

系统充电过程效率=变压器效率×线路效率×电能转换成机械能效率（电动机效率）×抽水效率=0.99×0.99×0.985×0.90=86.89%。

系统发电过程效率=水势能转换为机械能效率（水轮机效率）×机械能转化为电能效率（发电机效率）×变压器效率×线路效率=0.9163×0.985×0.99×0.99=88.46%。

抽水蓄能电站效率=充电效率×发电效率=86.89%×88.46%=76.86%。（做到75%以上完全没有问题）

5. 用水量测算

（1）100m的水头下，每Kg水的发电量W测算

$W=mgh\eta=1×10N/kg×100m×88.46\%=0.25Wh/kg$。

（2）每度电在100米水头下，用水量m测算

m（1kWh）=1000Wh/0.25Wh/kg=4000kg=4吨。

按水的密度为1kg/L计算体积，得到每kWh电量在100米水头下，需水量为4立方米。

（3）理论数据与实际电站设计对比

根据查询资料，目前世界最大的丰宁抽水蓄能电站库容超过了1.1亿立方米，丰宁电站总装机规模360万kW，总投资187.34亿元，折合5203元/kW。丰宁抽水蓄能电站年设计发电量66.12亿kWh，年抽水电量87.16亿kWh，设计效率75.86%，设计利用小时数1836小时。丰宁抽水蓄能电站上下两个水库落差为425米，电站上水库库容5800万立方米，下水库库容6070万立方米，该电站一次蓄满可储存电量近4000万kWh。按照我们的测算，即在100米落差下每度电需要4立方米的水量，则400米落差下4000万度电需要4000万立方米的水量，该结果与电站的上水库实际库容5800万立方米有差异，但总体在能接受的误差范围之内。

由于各电站水头差不同，不好以固定的单位来衡量一度电所需水量，以长江三峡为例，三峡大坝上游和下游水位落差达到约110米，大约每4.2吨长江水三峡电站可发1度电，基本和理论计算吻合。

二、电动汽车作为储能终端

目前，电动汽车充电一次平均可行驶大约300公里，充电1000次可行驶大约30万公里，基本覆盖了家用车使用期内的行驶里程。而电池的充放电寿命在2000~3000次，未来几年可达到5000次，存在大量的冗余次数。此外，家用车平均每天使用时长不超过3小时，存在大量的闲置时间。

电动汽车具备成为储能终端的巨大潜力。有效利用电动汽车的大量闲置时间和冗余充放电次数，作为分布式储能单元接入系统，建设一个特殊储能体系。

除行驶时间以外，电动汽车大部分时间在线，可以成为电网储能、微网储能、小区储能、家用储能的一部分，在用电高峰时向电网反向售电，用电低谷时存储过剩电量。不但为电网的稳定做出贡献，还能以市场化方式通过充放电价差获得相应收益，分摊购买整车或电池包的成本，实现电动汽车和电网的良性互动。据相关机构预测，到2050年中国汽车保有量将突破5亿辆，其中电动汽车占比超过90%。届时，如果中国日均用电量的20%~30%由电动汽车参与储能调节，电动汽车将可支撑中国电网2~4天的储能能力，是对中国整个储能体系的重要补充，可以建设一个更加完善的新型储能机制。

在未来10~20年，电动汽车有可能成为重要内容，电动汽车电池体系可以作为未来太阳能体系的重要储能机制。

第三章 未来四十年：
中国太阳能革命愿景

太阳能革命将是中国未来能源革命的主战场，将深刻改变未来中国能源的大格局，对这个未来进行量化研究，是本章主要内容，研究结果是令人鼓舞的，我们完全有可能创造一个可持续发展的能源革命与能源未来。

太阳能革命是一个理论与实践的重大议题，这是全球第一次、第一本书专门认识与评估该议题。展开太阳能革命发展愿景这个命题，是本书的核心内容。

此处需要对太阳能革命的四个相关特殊问题进行特别说明：太阳能革命的性质与意义；太阳能革命愿景的整体特别认识；太阳能革命发展模型设计的特别说明；基本结论。

一、太阳能革命的性质与意义

（一）性质与意义一

太阳能革命是人类几千年文明史上具有重大意义的历史性革命：

——人类文明本质意义是太阳能文明，人类经历三个大历史发展阶段：狩猎文明、农耕文明、化石能源文明。这三个阶段都是间接利用太阳能，每个阶段对太阳能的利用效率、总量较前者都有巨幅增长，并且实现了财富的巨量增长和经济与社会的进步。

——未来是人类第一次直接利用太阳能，并且在太阳能的利用效率、总量方面都将有翻天覆地的变化，是一次太阳能利用的革命。

（二）性质与意义二

实现太阳能革命是人类长期以来的梦想，为了实现这个梦想，已经历了百年历程，目前已走到成功的前夜，主要有四个依据。

1. 依据一：三个里程碑事件。

2019年光伏上网电价达到0.17元/度电，这是具有里程碑的事

件，也是太阳能革命的实质性开篇；2020年光伏上网电价达到0.13元/度电，已经远低于煤电；2021年光伏上网电价达到0.07元/度电，远远低于煤电，这是能源大革命的象征——上述三个结果都是在中东获得，但是对全球太阳能发展具有普遍意义。

2. 依据二：光伏革命将发生的基本结果。

5~10年，应该不超过10~20年，光伏发电端非常可能实现0.05元一度电——这个结果将对旧世界最具冲击力，也将对建设新世界最具推动力——人类将因此改变旧世界，建设新未来。

3. 依据三：全球普遍具备发展太阳能源的资源要素。

这是千年以来人类第一次掌握这种大历史革命的普适性的基本能力，全球人类推动这场历史性的革命仅仅需要最后的临门一脚——全球性普遍运用太阳能基本技术体系，发展太阳能革命，实现人类的"自我解放"。

4. 依据四：人类通过近30年的不懈努力，已经完全建设了能够承担实现太阳能革命比较完备和成熟的产业体系，当前这个产业体系主要由中国在主导。

（三）性质与意义三

太阳能革命可能发生的基本认识：

太阳能革命正式发生的主要条件，是每年太阳能新增供能超过其它所有能源的增量，也就是说超过整个能源增量的50%——作为太阳能革命发生的定义。

太阳能革命是全球意义的发展，其定义是针对全球能源的发展结果，需要用全球的结果作为标的。太阳能革命可能在5-10年正式发生，应该不会超过10年。从目前看来，这次全球传统能源的高价格冲击，以及俄乌局势的刺激，全球太阳能革命进程将有一个强烈冲击的结果。**太阳能革命在5-10年正式发生是大概率事件**——在下面的测算中，我们将特别考虑这个问题。

二、太阳能革命愿景的整体特别认识

（一）三个发展阶段

太阳能革命的发展时间与阶段性。太阳能革命整个过程将持续40~50年左右，大约3个固定资产周期完成。整个过程可以分为三个阶段：

第一阶段：2020~2030年，为启动期。基本完成整个能源革命大发展的基本基础，为能源革命、太阳能革命的大发展创造基本条件。

第二阶段：2030~2050年，为全面发展期。基本完成能源革命、太阳能革命的主体任务。

第三阶段：2050~2060年，或者2050~2070年，为能源革命、太阳能革命的完善期。

通过三个阶段，约40~50年，人类基本完成能源革命、太阳能革命的历史性任务。

如果全力以赴，非常可能在2050年左右，中国将取得太阳能革命的历史性成功，提前十年完成太阳能革命的基本任务，走在世界太阳能革命的最前沿。

（二）太阳能时代与太阳能文明

太阳能革命的进一步发展和演进主要有两大相关内容：

1. 太阳能时代

太阳能革命将推动太阳能时代全面发展，太阳能时代主要由三个要素构成：产业革命、经济革命、社会革命。

太阳能时代大约在未来十年正式启动，基本完成也需要40~50年，与太阳能革命基本同步发生、发展与完善。

2. 太阳能文明

太阳能革命与太阳能时代的发展，将构成太阳能文明的建设与发展。太阳能文明是比革命、时代更高层次的发展，是人类物质与精神两个要素的共同进步与进化，这个过程将持续百年、几百年甚至更久。

（三）中国太阳能革命的特殊引领作用

中国太阳能革命模式的发展，基本代表了世界太阳能革命的主体发展，全球太阳能革命的过程与中国太阳能革命过程基本一致。不发达国家在前期要略慢一些，中后期发展速度应该比较快。发达国家欧洲可能走得更快一些，主要是与中东、北非具有良好结合的天然优势，能够形成能源与经济共同体，形成优势互补。全球基本在大致40-50年都将完成太阳能未来的整体建设。

三、太阳能革命发展模型设计的特别说明

（一）模型设计的基本原则

模型设计的基本原则主要考虑四点：客观性、实操性、科学性、合理近似性。

（二）模型设计的发展目标及依据

1. 发展目标

人均能源消费量最终目标：2060年中国以及全球实现人均4~12吨标油当量的能源消费，模型共设置了3种可能的发展愿景，针对2060年分别实现人均消费4吨标油当量的能源、人均消费8吨标油当量的能源、人均消费12吨标油当量的能源。

太阳能占比：2060年，太阳能提供的能源量将占到能源消费总量的70%左右。

说明一：2060年太阳能占比70%，主要有四个考虑。一是经历四十年左右，太阳能发展已经全面成熟，具备成为主导能源的产业与科技基础；二是太阳能资源几乎可以完全解决人类最大的能源需求；三是人类需要彻底解决长期使用化石能源造成的气候与环境的负面影响；四是经过四十年发展，太阳能与传统能源可以形成一个和谐共生的大局面。

说明二：2060年其它能源占比30%，主要有三个考虑。一是化石能源，经历四十年左右，虽然其占比会有一个较大幅度的降低，在人均能源消费6-12吨标油的情景下，再考虑人口增长因素，即使占比10%，其总量与现在相当，已经充分考虑化石能源在这个过渡期的合理存在；二是风能，在人均能源消费6-12吨标油的情景下，主要考虑风能资源量有限，风能占比10%-20%是合理的；三是其它清洁能源，主要受限于资源量的约束，其发展空间有限。

2. 主要依据

实现上述目标的主要依据有如下四点。

（1）能源供给端

——充足的光热资源保证

人类在太阳能革命的背景下，光热资源足够大，基本能满足人类最大的能源需求。在最好的光热资源条件以及最理想的技术条件获得4吨标油当量的能源，所需要的光伏电站大致占地略高于0.1亩。人类完全有条件在太阳能革命的背景下实现理想的能源获得。

（2）能源需求端

——现实国家的样本

目前世界上能源消费量较大的国家，如美国、加拿大、挪威，在长达40多年均保持人均7~8吨左右标油的能源消费量，主要是这些国家有充分的油气资源保证。类似其他欧洲、日本等发达经济体的人均能源消费水平在4吨左右的标油当量，主要受制于其自身的油气资源量。

美国、加拿大、挪威可以视为未来能源发展的样本。整个国家的个人能源消费量基本与收入正相关，收入分布规律是一个非对称的结构，平均水平左右侧的人数比例大致7：3。低收入人群人均能源消费量大致为4~6吨，高收入人群人均能源消费量约10吨。所以，未来全球实现人均8~10吨标油的能源消费量是比较合理的。8吨标油当量是上述国家的平均水平，10吨是这些国家中高收入人群的能源消费水平，未来完全可能实现10吨水平。

此外，考虑20世纪90年代以来，美国、西欧等国家高耗能产业向发展中国家转移，导致这些国家的实际能源消费效果是高于当前的统计结果的，其消费的大量高耗能产品是由全球发展中国家提供，即其实际的人均能源消费水平在过去四十年是呈现上升趋势的。

与油气资源相比，太阳能资源在一定程度上可以保证理论上的"无限供应"。在太阳能革命的背景下，未来全球至少能够实现上述国家当前的平均水平，实际应该对标上述国家当前平均水平的右侧水准，即10吨标油当量的人均能源消费水平。

（3）能源需求端

——充分考虑未来社会实际发生的可能性

未来，全球人类在现有的现代化基础上有三个重要发展可能性：一是充分智慧化的发展；二是生活方式的转变、消费水平的提高；三是充分绿色化，这三个方面发展都涉及高耗能。

生活方式的改变与提高，将是能耗增加的重要内容。其中新型旅游经济将成为特别发展内容，成为人类的主要生活方式，工作、生活与旅游紧密结合，成为新的生活与工作业态。旅游是特别高耗能的产业，以飞机为例，成都到北京，人均油耗大致百公斤。此外，高耗能的越野车将成为重要的交通工具，以实现新型旅游经济（见后面未来十二大趋势相关内容）。

绿色问题将是高耗能另一个主要因素，根据我们的测算大致耗费人均2吨标油当量的能源，主要解决气候与土地绿化问题。气候问题非常紧迫，需要有效方法，碳捕捉将是核心方式，实现气候问题的有效解决，大规模采用碳捕捉，在未来10~20年将可以理想解决气候问题，此阶段的人均能源消费量将大约增加0.5~1吨标油当量。绿色土地改造将耗能约人均1~2吨标油当量，全面解决荒漠化土地的绿色问题，如果如此，中国西部可以全面解决30%~50%的土地实现高度绿色化（见后面相关内容）。

（4）能源供给端

——太阳能电站占地有限

以目前的光伏产业技术发展水平，在未来中国人均能源消费量为4~12吨标油当量的标准下，中国所需要的光伏电站累计占地约为中国国土面积的1.7%~5.2%。

以目前的光伏产业技术发展水平，未来按照全球100亿人口测算，在人均能源消费量为4~12吨标油水平下，全球所需要的光伏电站累计占地约为全球陆地总面积的0.8%~2.4%。

（三）四十年、三个阶段发展过程的主要考虑要素

要素一：四十年既是中国实现碳中和发展的基本时间表，也是全球大部分国家实现碳中和发展的时间表。碳中和实际最大内容就是能源革命，主要考虑的是太阳能革命。

要素二：从太阳能革命发展过程而言，需要经历三个阶段才能完成。

第一个阶段（2020~2030年），要解决两个问题：低存量到较高存量，目前任何一个国家的太阳能能源占比都非常低，通过第一个阶段以实现较高的太阳能占比，此阶段需要较快的增长幅度；同时，这个过程要解决整个传统能源体系、经济体系、管理机制，向以太阳能为主体能源的体系转型。

第二个阶段（2030~2050年），主要解决太阳能发展为主体能源，并且极大程度超过现有的设计框架，真正实现了太阳能革命的

基本要求。主要是太阳能总量达到人均4~6吨标油当量水平的前提下，可以解决几乎所有重大问题。

第三个阶段（2050~2060年），主要是考虑完善与收尾的问题。

（四）特别说明：中国太阳能革命第一阶段发展愿景及依据

我们主要考虑实际发生的最大可能性，对第一阶段设置了两种发展情景：2030年中国太阳能光伏累计装机容量为12亿千瓦；2030年中国太阳能光伏累计装机容量为24亿千瓦。主要依据有如下三点。

依据一：参照过去发展的平均水平，目前相关的计划应该是基础量（2030年底中国风能和太阳能的总装机容量达到12亿千瓦），主要是给实际发展的可能性保持充分的弹性。如果只考虑12亿千瓦，从目前趋势来看有可能无法覆盖未来的可能性，需要再考虑一个增加量，所以我们又设置了24亿千瓦的发展情景。模型要充分考虑革命性发展的可能性，主要预测这种革命性的发展情景。

依据二：现在太阳能技术发展非常迅速，在未来5~10年内光伏发电端就可能实现0.05元一度电的特别前景，这是太阳能革命最大的市场推动。未来太阳能革命最大推动力一定来自市场，一定是自下而上为主体的。特别是在缺乏化石能源的不发达国家以及欧洲，革命性地发展太阳能的积极性将是巨大的。

在此背景下，市场革命性发展存在巨大的现实性，将可能创造一个全新的太阳能革命局面。

依据三：目前正在发生的现实是中国以及欧洲太阳能光伏发展的势头已经远远超过现有的计划框架，这种国际竞争将愈演愈烈。

（五）合理近似的特别认识

合理近似是完成模型设计的关键技术，主要正确反映趋势，合理简化影响因素，主要影响因素简化考虑：

1. 传统能源，主要是化石能源，在中后期的能源结构中的占比应该比较小，在10%左右，在6-12吨标油的背景中，10%也是相当大的量。按多数机构预测，在未来20-40年后，传统能源总量相当低。大多数是小于我们给出结果。我们考虑未来的深度绿色发展前景是可以有空间给与传统能源一定发展余地。

2. 其他能源，在太阳能革命的中后期应该不会超过20%。其中风能在人均1~2吨或2~3吨标油当量的太阳能生产体系中，占有一定的比例，可能达到20%左右。

水能成本与光伏差异不大，而且主要可能作为储能工具使用。

此外，其他能源在二十年以后的占比相当小，影响因素相当小，对测算效果影响不大。

3. 最大简化考虑，只考虑一个因素的变化量，使模型更加清晰、明确，以此实现测算。

4．折旧考虑。目前光伏电站的寿命约为25年，折旧问题是在2045年之后逐步考虑的，在模型中实际考虑了这个余量，在2050年折旧问题对发展总量的影响非常有限，不超过总量的2%~3%。

5．实际在光源最好的大型能源基地中，发电端成本可能将远远低于0.05元一度电，甚至达到0.03~0.04元一度电。以发电端0.05元的度电成本测算，将较大程度把其他的各种影响都大幅度降低。

（六）总结

模型主要涉及三个核心要素：一是起始量和发展速度；二是最终目标和总量；三是模型的近似处理模式。在此基础上，基本可以将未来发生的主要情景展示出来。

四、基本结论

根据前述的相关认识以及模型测算（详见后面章节），我们预计未来将要发生改变世界性质的六件大事。

事件一：5~10年左右，"太阳能革命"将正式发生，全球将进入太阳能高速发展时代。中国、欧洲将处在太阳能革命发展的最前沿。

事件二：十年左右，人类将进入经济与社会全面发展的"太阳能时代"。

事件三：在未来十年左右，全球太阳能革命的融合发展将是全球国际化的重要内容。

事件四：在2030~2040年左右，人类将初步解决气候问题。

事件五：中国将在"太阳能革命"与"太阳能时代"中，发展成为"太阳能未来"的中坚力量，在能源获得与能源消费总量方面成为世界主体。

事件六：在2030~2050年左右，人类将在人均4~10吨标油当量的能源消费量基础上，建成一个比较完美的未来。

第一节　中国太阳能革命宏观愿景

中国太阳能革命宏观愿景是指未来在太阳能革命的背景下，中国的能源消费总量、人均能源消费量所能实现的水平。综合分析未来能源供给端和需求端的相关考虑（见前述内容），以及当前全球能源形势和太阳能光伏产业发展现状等因素，我们对中国能源革命、太阳能革命的发展设置了三种愿景，即在2060年实现的人均能源消费水平分别为4吨标油当量、8吨标油当量、12吨标油当量。

如下关于中国太阳能革命2022~2060年的相关测算，均基于中国14亿人口的假设。

一、太阳能革命中国总体目标与任务

通过30~40年的发展，中国基本完成太阳能革命，彻底解决能源可持续的根本任务，建设以太阳能为基础的能源体系，达到人均4~12吨标油的能源获得量，实现一个基本完美与理想的太阳能未来。

二、中国太阳能革命发展战略

推动太阳能革命目标与任务实现的战略主要为三点：

一是实施阶段性的发展，分步推进完成每个阶段的特殊任务，最终完成总体任务。

二是抓住关键时间点，解决好两个十年的高速发展——2020~2030年的发展、2030~2040年的发展，打好基础，抓住关键机遇。

三是推动全球合作，做好全球太阳能革命的领头羊与主导力量，实现中国与全球的发展互动，充分建设在太阳能革命中的中国发展优势与全球发展优势，实现两个火车头的推动战略。

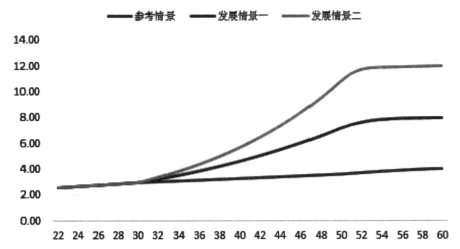

图53　2022~2060中国太阳能革命宏观愿景（人均能源消费量口径）

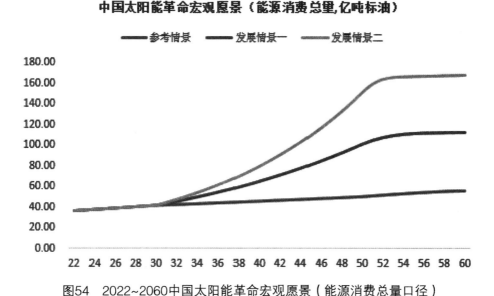

图54　2022~2060中国太阳能革命宏观愿景（能源消费总量口径）

三、中国太阳能革命宏观愿景设计

受益于太阳能光照资源的普适性与无限性，我们认为未来在太阳能革命的背景下，大力发展太阳能，可以充分保证人类的广义能源使用量。

综合分析当前全球能源形势、全球太阳能光伏科技发展现状等各方面因素，针对未来约四十年（2022~2060年）的中国能源消费愿景，我们设置了如下三种可能发展情景（2021年中国人均能源消费量为2.57吨标油当量）。

参考情景：2030年中国人均消费3吨标油当量；2050年中国人均消费3.6吨标油当量；2060年中国人均消费4吨标油当量。

发展情景一：2030年中国人均消费3吨标油当量；2050年中国人均消费7.2吨标油当量；2060年中国人均消费8吨标油当量。

发展情景二：2030年中国人均消费3吨标油当量；2050年中国人均消费10.8吨标油当量；2060年中国人均消费12吨标油当量。

第二节　中国太阳能发展愿景展望

在第一节"中国太阳能革命宏观愿景"展望基础之上，即对未来四十年中国人均能源消费水平（能源消费总量）展望的基础之上，综合考虑全球能源发展趋势、全球太阳能光伏科技发展趋势等各方面因素，我们认为在2050年左右，太阳能在中国能源结构中的占比将达到70%左右。

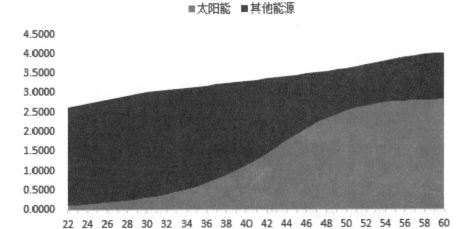

参考情景：2022-2060中国能源结构(人均能源消费量,吨标油)

■太阳能　■其他能源

图55　参考情景下，2022~2060年中国能源结构（人均能源消费量口径）

同时，结合当前中国太阳能光伏产业的发展状况（截至2021年底，中国太阳能光伏装机容量为3.06亿千瓦，最近5年中国累计装机容量的年均复合增长率为47.7%），我们对未来四十年中国太阳能革命太阳能的发展设置了三种情景模式：参考情景、快速发展情景一、快速发展情景二，并针对每个情景进行相关展望。

一、参考情景

（一）情景描述

在我们所设置的参考情景模式下，中国人均能源消费量在2030年、2050年、2060年分别实现3吨标油当量、3.6吨标油当量、4吨标油当量，其中太阳能提供的人均能源量分别为0.286吨标油当量、2.52吨标油当量、2.8吨标油当量。

（二）2022~2030年发展设计的说明

从目前中国光伏发展现状及发展趋势以及未来太阳能革命的基本考虑，我们认为，在太阳能革命的大背景下，应当加大太阳能发展的力度。为此，在参考情景的发展模式下，我们设定到2030年，中国太阳能光伏累计装机量达到12亿千瓦，在最理想有效光照利用条件下，可以为中国提供人均0.286吨标油当量的能源量。

我们在该参考情景发展模式下所设置的光伏装机量，是2030年底风能和太阳能计划累计装机容量的总和（12亿千瓦）。如果将上述计划按1∶2的风光配置，那么在太阳能革命参考情景发展模式下，我们所设置的到2030年底中国光伏累计装机容量将是太阳能计划（8亿千瓦）的1.5倍。

（三）相关展望

1. 装机量展望

（1）第一阶段（2022~2030年）

在我们设定的参考情景发展模式下，第一阶段（2022~2030年）中国的太阳能光伏将保持高速发展，年均复合增长率在16.4%左右，到2030年底，中国累计光伏装机容量可以达到12亿千瓦，是当前2021年底中国累计光伏装机容量3.06亿千瓦的4倍左右。

如此，在最理想的有效光照利用条件下，2030年，太阳能光伏将为中国提供的人均能源量约为0.286吨标油当量。

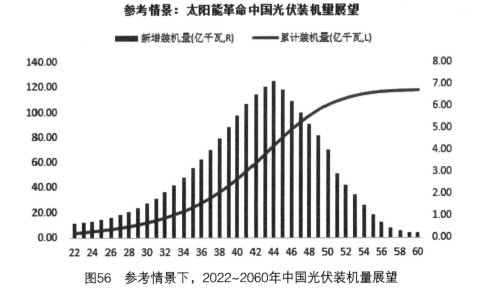

图56　参考情景下，2022~2060年中国光伏装机量展望

（2）第二阶段（2031~2050年）

在我们设定的参考情景发展模式下，第二阶段（2031~2050年）中国累计光伏装机容量的年均复合增长率约为11.5%，2050年底，中国累计光伏装机容量将达到106亿千瓦，在理想的有效光照利用条件下，太阳能光伏将为中国提供的人均能源量约为2.52吨标油当量。其中：

2031~2040年，中国累计光伏装机容量的年均复合增长率约为14.58%，2040年底，中国累计光伏装机容量将达到约47亿千瓦，是当前2021年底中国累计光伏装机容量3.06亿千瓦的15倍左右。

2041~2050年，中国累计光伏装机容量的年均复合增长率约为8.49%，2050年底，中国累计光伏装机容量将达到约106亿千瓦，是当前2021年底中国累计光伏装机容量3.06亿千瓦的35倍左右。

在该参考情景发展模式下，中国光伏年新增装机量于2044年达峰，约为7亿千瓦。

（3）第三阶段（2051~2060年）

在我们设定的参考情景发展模式下，第三阶段（2051~2060年）中国累计光伏装机容量的年均复合增长率约为1.05%，到2060年底，中国累计光伏装机容量117亿千瓦，是当前2021年底中国累计光伏装机容量3.06亿千瓦的38倍左右。

2060年底，太阳能光伏将为中国提供的人均能源量约为2.8吨标油当量。

2. 光伏装机占地概况

如下关于光伏装机占地的相关测算，是基于当前平均水平，即每平方公里的土地装机约0.1GW。

（1）第一阶段（2022~2030年）

在我们设定的参考情景发展模式下，第一阶段（2022~2030年）中国光伏发展保持高速增长。

到2030年底，中国光伏累计装机容量将达到约12亿千瓦，累计占地约1.2万平方公里，约占中国国土面积的0.125%。

（2）第二阶段（2031~2050年）

在我们设定的参考情景发展模式下，第二阶段（2031~2050年）中国光伏发展保持高速增长。

到2040年底，中国光伏累计装机容量将达到约47亿千瓦，累计占地约4.7万平方公里，约占中国国土面积的0.49%。

到2050年底，中国光伏累计装机容量将达到约106亿千瓦，累计占地约10.6万平方公里，约占中国国土面积的1.1%。

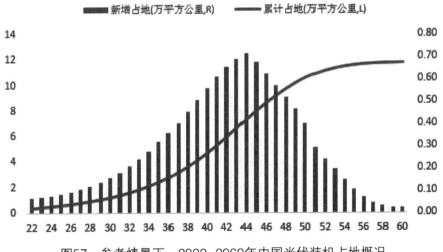

图57 参考情景下，2022~2060年中国光伏装机占地概况

（3）第三阶段（2051~2060年）

在我们设定的参考情景发展模式下，第三阶段（2050~2060年）中国太阳能革命进入完善阶段。

到2060年底，中国光伏累计装机容量将达到约117亿千瓦，累计占地约11.7万平方公里，约占中国国土面积的1.2%。

3. 中国光伏硅料年度需求展望

2021年，太阳能光伏电池的平均硅耗约为2.8g/W，根据光伏行业协会的相关预测以及我们在产业界的调研情况，预计未来光伏电池的平均硅耗量还有约30%的下降空间。

鉴于此，我们将光伏电池的硅耗情况设定为：2022~2030年，光伏电池的平均硅耗量由2.8g/W逐步下降至2.0g/W，2030年之后，光伏电池的平均硅耗量维持在2.0g/W。

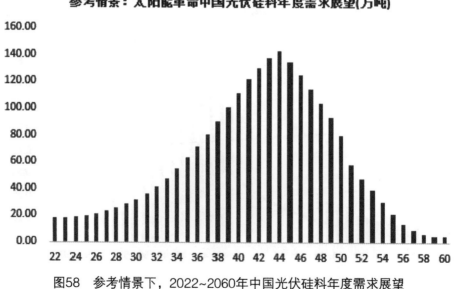

图58　参考情景下，2022~2060年中国光伏硅料年度需求展望

在此基础上，我们对太阳能革命2022~2060年中国光伏硅料的年度需求进行展望。

（1）第一阶段（2022~2030年）

在我们设定的参考情景发展模式下，根据模型测算，第一阶段（2022~2030年）中国光伏硅料年度需求将保持高速增长。

2022~2030年，中国光伏硅料年度需求的年均复合增长率在8.66%左右，如此到2030年，中国光伏硅料的年度需求将达到32万吨左右。

（2）第二、三阶段（2031~2060年）

在我们设定的参考情景发展模式下，根据模型测算：

中国光伏硅料年度需求在2031~2044年保持高速增长，年均复合增长率在11.43%左右，到2044年达到年度需求高峰，约为142万吨，是2022年底全球范围内将实现的硅料总产能（118.73万吨）的1.2倍左右。

二、快速发展情景一

（一）情景描述

在我们设置的快速发展情景一的模式下，中国人均能源消费量在2030年、2050年、2060年分别实现3吨标油当量、7.2吨标油当量、8吨标油当量，其中太阳能提供的人均能源量分别为0.57吨标油当量、5.04吨标油当量、5.6吨标油当量。

（二）2022~2030年发展设计的说明

根据目前中国光伏发展现状及发展趋势考虑，以及未来太阳能革命的基本考虑，我们认为，在太阳能革命的大背景下，应当加大太阳能发展的力度。为此，在快速发展情景一的模式下，我们设定到2030年中国太阳能光伏累计装机量达到24亿千瓦，可以为中国提供人均0.57吨标油当量的能源量。

我们在该快速发展情景一的模式下所设置的光伏装机量，是2030年底风能和太阳能计划累计装机容量总和（12亿千瓦）的2倍。如果将上述计划按1：2的风光配置，那么在该模式下，我们所设置的到2030年底中国光伏累计装机容量将是太阳能计划（8亿千瓦）的3倍。

快速发展情景一：2022-2060中国能源结构(人均能源消费量,吨标油)

图59　快速发展情景一下，2022~2060年中国能源结构（人均能源消费量，吨标油当量）

（三）相关展望

1. 装机量展望

（1）第一阶段（2022~2030年）

在我们设定的快速发展情景一的情景下，第一阶段（2022~2030年）中国的太阳能光伏将保持高速发展，年均复合增长率在25.72%左右，到2030年底，中国累计光伏装机容量可以达到24亿千瓦，是当前2021年底中国累计光伏装机容量3.06亿千瓦的8倍左右。

2030年太阳能光伏将为中国提供的人均能源量约为0.57吨标油当量。

（2）第二阶段（2031~2050年）

在我们设定的快速发展情景一的模式下，第二阶段（2031-2050年），中国累计光伏装机容量的年均复合增长率约为11.51%，2050

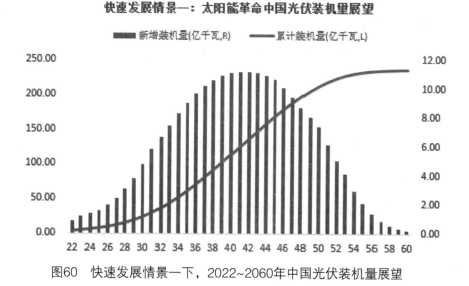

图60 快速发展情景一下，2022~2060年中国光伏装机量展望

年底中国累计光伏装机容量将达到211亿千瓦，太阳能光伏将为中国提供的人均能源量约为5.04吨标油当量。其中：

2031~2040年，中国累计光伏装机容量的年均复合增长率约为16.81%，2040年底，中国累计光伏装机容量将达到约113亿千瓦，是当前2021年底，中国累计光伏装机容量3.06亿千瓦的37倍左右。

2041~2050年，中国累计光伏装机容量的年均复合增长率约为6.45%，2050年底，中国累计光伏装机容量将达到约211亿千瓦，是当前2021年底中国累计光伏装机容量3.06亿千瓦的69倍左右。

在该参考情景发展模式下，中国光伏年新增装机量于2041年达峰，约为11亿千瓦。

（3）第三阶段（2051~2060年）

在我们设定的快速发展情景一的模式下，第三阶段（2051~2060年）中国累计光伏装机容量的年均复合增长率约为1.06%，到2060年底，中国累计光伏装机容量235亿千瓦，是当前2021年底中国累计光伏装机容量3.06亿千瓦的77倍左右。

2060年太阳能光伏将为中国提供的人均能源量约为5.6吨标油当量。

2. 光伏装机占地概况

如下关于光伏装机占地的相关测算，是基于当前平均水平，即每平方公里的土地装机约0.1GW。

（1）第一阶段（2022~2030年）

在我们设定的快速发展情景一的模式下，第一阶段（2022~2030年）中国光伏发展保持高速增长。

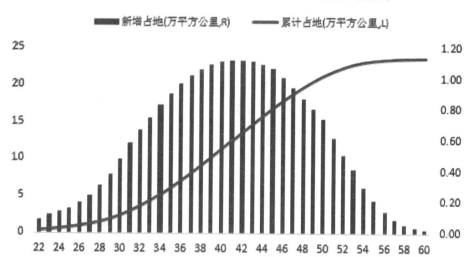

图61　快速发展情景一下，2022~2060年中国光伏装机占地概况

到2030年底，中国光伏累计装机容量将达到约24亿千瓦，累计占地约2.4万平方公里左右，约占中国国土面积的0.25%。

（2）第二阶段（2031~2050年）

在我们设定的快速发展情景一的模式下，第二阶段（2031~2050年）中国光伏发展保持高速增长。

到2040年底，中国光伏累计装机容量将达到约113亿千瓦，累计占地约11.3万平方公里，约占中国国土面积的1.177%。

到2050年底，中国光伏累计装机容量将达到约211亿千瓦，累计占地约21.1万平方公里，约占中国国土面积的2.198%。

（3）第三阶段（2051~2060年）

在我们设定的快速发展情景一的模式下，第三阶段（2050~2060年）中国太阳能革命进入完善阶段。

到2060年底，中国光伏累计装机容量将达到约235亿千瓦，累计占地约23.5万平方公里，约占中国国土面积的2.448%。

3. 中国光伏硅料年度需求展望

按参考情景的条件：在2022-2030年光伏电池的平均硅耗量由2.8g/W逐步下降至2.0g/W，2030年之后光伏电池的平均硅耗量维持在2.0g/W，对太阳能革命2022-2060年，中国光伏硅料的年度需求进行展望。

（1）第一阶段（2022~2030年）

在我们设定的快速发展情景一的模式下，根据模型测算，第一阶段（2022~2030年）中国光伏硅料年度需求将保持高速增长。

2022~2030年，中国光伏硅料年度需求的年均复合增长率在22.85%左右，如此到2030年，中国光伏硅料的年度需求将达到94万吨左右。

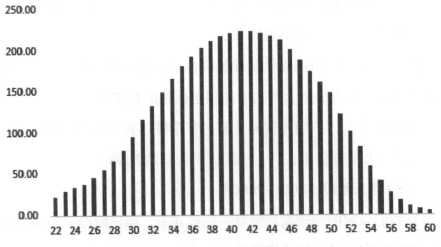

图62　快速发展情景一下，2022~2060年中国光伏硅料年度需求展望

（2）第二、三阶段（2031~2060年）

在我们设定的快速发展情景一的模式下，根据模型测算：

中国光伏硅料年度需求在2031~2041年保持高速增长，年均复合增长率在8.11%左右，到2041年达到年度需求高峰，约为223万吨，是2022年底全球范围内将实现的硅料总产能（118.73万吨）的1.88倍左右。

三、快速发展情景二

（一）情景描述

在我们设置的快速发展情景二的模式下，中国人均能源消费量在2030年、2050年、2060年分别实现3吨标油当量、10.8吨标油当量、12吨标油当量，其中太阳能提供的人均能源量分别为0.57吨标油当量、7.56吨标油当量、8.4吨标油当量。

（二）2022~2030年发展设计的说明

从目前中国光伏发展现状及发展趋势以及未来太阳能革命的基本考虑，我们认为，在太阳能革命的大背景下，应当加大太阳能发展的力度。为此，在快速发展情景二的模式下，我们设定到2030年，中国太阳能光伏累计装机量达到24亿千瓦，在最理想有效光照利用条件下，可以为中国提供人均0.57吨标油当量的能源量。

我们在该快速发展情景二的模式下所设置的光伏装机量，是2030年底风能和太阳能计划累计装机容量总和（12亿千瓦）的2倍。

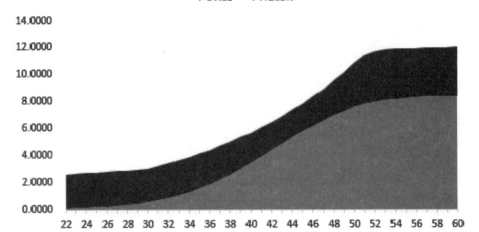

图63　快速发展情景二下，2022~2060年中国能源结构（人均能源消费量，吨标油当量）

如果将上述计划按1：2的风光配置，那么在该模式下，我们所设置的到2030年底中国光伏累计装机容量将是太阳能计划（8亿千瓦）的3倍。

（三）相关展望

1. 装机量展望

（1）第一阶段（2022~2030年）

在我们设定的快速发展情景二的情景下，第一阶段（2022~2030年）中国的太阳能光伏将保持高速发展，年均复合增长率在25.72%左右，到2030年底，中国累计光伏装机容量可以达到24亿千瓦，是当前2021年底中国累计光伏装机容量3.06亿千瓦的8倍左右。

如此，在最理想的有效光照利用条件下，2030年，太阳能光伏将为中国提供的人均能源量约为0.57吨标油当量。

（2）第二阶段（2031~2050年）

在我们设定的快速发展情景二的模式下，第二阶段（2031~2050年）中国累计光伏装机容量的年均复合增长率约为13.79%，2050年底，中国累计光伏装机容量将达到317亿千瓦，在理想的有效光照利用条件下，太阳能光伏将为中国提供的人均能源量约为8.4吨标油当量。其中：

2031~2040年，中国累计光伏装机容量的年均复合增长率约为19.85%，2040年底，中国累计光伏装机容量将达到约146亿千瓦，是当前2021年底中国累计光伏装机容量3.06亿千瓦的48倍左右。

2041~2050年，中国累计光伏装机容量的年均复合增长率约为8.04%，2050年底，中国累计光伏装机容量将达到约317亿千瓦，是当前2021年底，中国累计光伏装机容量3.06亿千瓦的104倍左右。

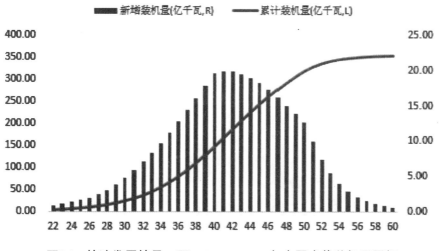

图64　快速发展情景二下，2022~2060年中国光伏装机量展望

在该参考情景发展模式下，中国光伏年新增装机量于2041年达峰，约为20亿千瓦。

（3）第三阶段（2051~2060年）

在我们设定的快速发展情景二的模式下，第三阶段（2051~2060年）中国累计光伏装机容量的年均复合增长率约为1.06%，到2060年底，中国累计光伏装机容量353亿千瓦，是当前2021年底中国累计光伏装机容量3.06亿千瓦的115倍左右。

如此，在理想的有效光照利用条件下，2060年太阳能光伏将为中国提供的人均能源量约为8.4吨标油当量。

2. 光伏装机占地概况

如下关于光伏装机占地的相关测算，是基于当前平均水平，即每平方公里的土地装机约0.1GW。

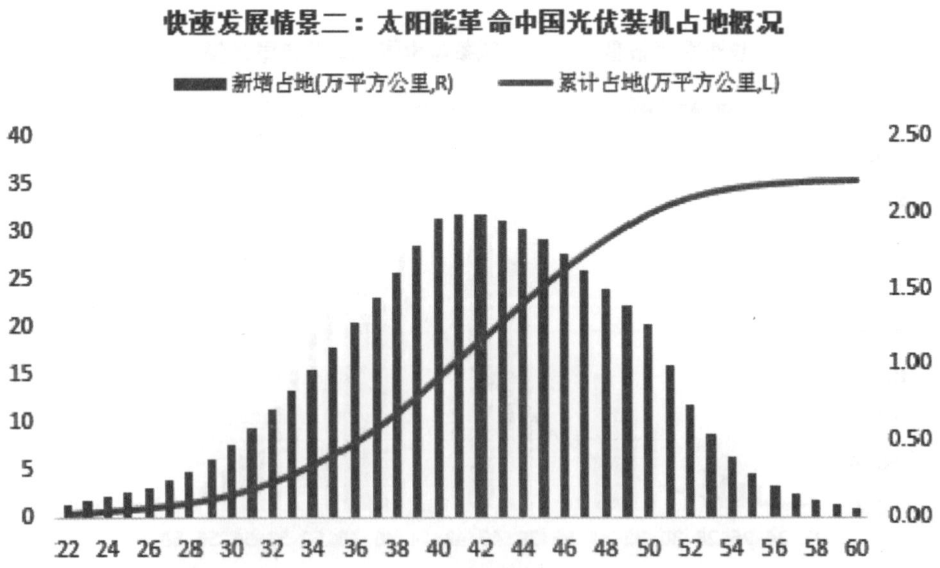

快速发展情景二：太阳能革命中国光伏装机占地概况

图65 快速发展情景二下，2022~2060年中国光伏装机占地概况

（1）第一阶段（2022~2030年）

在我们设定的快速发展情景二的模式下，第一阶段（2022~2030年）中国光伏发展保持高速增长。

到2030年底，中国光伏累计装机容量将达到约24亿千瓦，累计占地约2.4万平方公里，约占中国国土面积的0.25%。

（2）第二阶段（2031~2050年）

在我们设定的快速发展情景二的模式下，第二阶段（2031~2050年）中国光伏发展保持高速增长。

到2040年底，中国光伏累计装机容量将达到约146亿千瓦，累计占地约14.6万平方公里，约占中国国土面积的1.52%。

到2050年底，中国光伏累计装机容量将达到约317亿千瓦，累计占地约31.7万平方公里，约占中国国土面积的3.3%。

（3）第三阶段（2051~2060年）

在我们设定的快速发展情景二的模式下，第三阶段（2050~2060年）中国太阳能革命进入完善阶段。

到2060年底，中国光伏累计装机容量将达到约353亿千瓦，累计占地约35.3万平方公里，约占中国国土面积的3.68%。

3. *中国光伏硅料年度需求展望*

按参考情景的条件：在2022-2030年光伏电池的平均硅耗量由2.8g/W逐步下降至2.0g/W，2030年之后光伏电池的平均硅耗量维持在2.0g/W，对太阳能革命2022-2060年，中国光伏硅料的年度需求进行展望。

（1）第一阶段（2022~2030年）

在我们设定的快速发展情景二的模式下，根据模型测算，第一阶段（2022~2030年）中国光伏硅料年度需求将保持高速增长。

2022~2030年，中国光伏硅料年度需求的年均复合增长率在22.85%左右，如此到2030年，中国光伏硅料的年度需求将达到94万吨左右。

（2）第二、三阶段（2031~2060年）

在我们设定的快速发展情景二的模式下，根据模型测算：

中国光伏硅料年度需求在2031~2041年保持高速增长，年均复合增长率在13.9%左右，到2041年达到年度需求高峰，约为396万吨，是2022年底全球范围内将实现的硅料总产能（118.73万吨）的3.34倍左右。

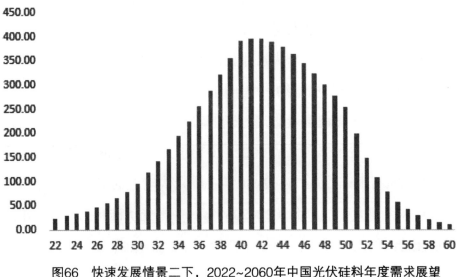

图66 快速发展情景二下，2022~2060年中国光伏硅料年度需求展望

第三节 中国太阳能革命总体认识与评估

中国太阳能革命总体认识与评估，有如下四个特别内容：太阳能未来三要素；太阳能革命的前两个十年；太阳能革命的协调发展，硅的认识和协调问题；太阳能革命的核心要素。

一、太阳能未来三要素

中国太阳能革命在未来四十年的三个阶段内将全面完成，并将带领中国进入一个全新、理想的未来，这个未来有三个要素：

1. 要素一：中国在未来四十年将建设一个以太阳能为基础的能源体系，实现人均能源4~12吨标油当量的能源获得，主要由太阳能提供，真正实现一个永远可持续的未来。

2. 要素二：以这个能源体系为基础，构建一个对应的经济体系与社会体系。

3. 要素三：建设这个体系的同时，实现全球深度合作，共建一个"太阳能未来"的全球化世界。

二、太阳能革命的前两个十年

在中国太阳能革命发展的整个过程中，前两个十年至关重要。

（一）2020~2030年

该阶段是我国太阳能光伏发展的战略机遇期，在此阶段，我国太阳能光伏将高速发展，构建太阳能革命与太阳能时代的全球发展基础，抢占全球太阳能革命与太阳能时代的战略制高点，成为全球太阳能革命的领导者和主要推动者。

在此阶段，构建规模化发展的能源基础体系是关键，主要是解决灵活性方面，解决化石能源时代和化石能源产业体系向新能源（太阳能）的和谐过度，初步解决气候问题（完全控制二氧化碳的排放增量）。

此外，这个阶段对金融领域而言，是布局太阳能革命金融领域，打造未来中国乃至最具发展前景的金融机制的战略窗口期。

为此，我们认为，太阳能革命的背景下，应该加大太阳能革命发展的力度，我们在对2022~2030年中国太阳能革命的展望中，设置了两个情景（详见上节相关内容），即到2030年，中国太阳能光伏累计装机量分别达到12亿千瓦和24亿千瓦。

我们认为上述两个情景，基本能够展现未来十年左右实际发生的太阳能革命结果。

（二）2030~2040年

这个阶段是中国太阳能革命全面发展的第一个十年，在此期间，中国将完全具备依靠太阳能源来实现全面体系发展的基础，碳中和和气候问题将基本完全解决。

三、太阳能革命的协调发展

未来太阳能革命将远远超出过去所有的认知，从我们的基本预测看，有两个重大结果：一是发展总量远远超过过去所有的乐观预测；二是发展速度远远超过过去所有的预测。其中，如下两个问题需要特别认识。

（一）晶体硅的认识

在太阳能革命的背景下，晶体硅产业具有特殊重要意义：一是在整个太阳能产业中的最基础地位作用，在整个太阳能获得端体系中，所有的产品都直接或间接相关于晶体硅的产量与性质；二是单位光伏电池硅使用量，直接决定硅产业的总量发展。把握好这两个基本要素，就基本把握了太阳能革命的发展性质与未来。

硅是整个光伏产业的基础，如果硅问题解决不好，将根本性地影响整个光伏产业的发展。全面发展中国光伏革命，首要是高度重视硅生产，保证未来整个光伏产业的顺利发展。

在光伏产业中，硅产业的投资周期最长，基础性最强，需要高

度重视。对未来硅使用量的预测，是太阳能革命、光伏革命的最基础性工作。

（二）协调问题

整个经济体系需要协调发展，以此跟上太阳能革命的整体步伐。主要是两个体系的协调：能量获得体系的协调、能量使用体系的协调。

四、太阳能革命的核心要素

太阳能革命由四个核心要素构成：光照资源、太阳能体系的投资、土地使用量、光伏硅料。这四个要素由总量和平均量来表征。

这四个要素是具体表征"太阳能革命""太阳能时代""太阳能未来"的最基础要素与最基础量。其中硅使用量最具代表性。在稳定的理想条件下，太阳能产业生产规模、太阳能获得总量、太阳能使用总量、整个国家经济总量都直接与硅使用量线性相关。

未来，硅将成为未来全球新的宏观经济指标，作为太阳能革命、能源产业以及整个相应的经济发展的宏观、微观基础量度。

第四章 未来四十年：
全球太阳能革命愿景

太阳能革命是一个全球性质的革命，将实现全球性的能源安全、能源独立、能源自由，形成全球能源新格局。

全球进入太阳能革命的时间点，可能在未来十年左右。

全球太阳能革命的整体过程，将与中国太阳能革命过程基本一致，全球基本在未来40~50年全部完成太阳能未来的整体建设。

第一节　全球太阳能革命愿景基本认识

对全球太阳能革命发展愿景的认识，有五个问题需要特别说明：全球太阳能革命发展特色；全球太阳能革命三大能源基地的特别说明；全球太阳能革命金融体系的共建；全球太阳能革命背景下，气候问题的共同解决机制；全球发展模式的设计说明。

一、全球太阳能革命发展特色

太阳能革命是一个全球性质的革命，除了传统发展的投资要素以及科技产业以外，这个革命极大程度与太阳能资源的全球普适性、特殊的光热资源分布紧密相关。全球太阳能革命发展有两个重大特色。

（一）大区域发展特色

太阳能革命发展涉及超级大能源基地，一个基地提供的能源量比现有世界的总和还要多，不但针对一个国家的发展，而且能够提供一个区域的众多国家发展的能源需求。

构成未来全球能源秩序的主要是三个大区域：一是以中东、北非能源基地构成的"中东+欧洲"为主体的发展区域，非洲将相当程度涉及到其中；二是以中国西部能源基地构成的"中国+中国周边国家与地区"的东亚发展大区；三是以美国西南部能源基地构成的"美国+美洲其他国家"的发展区域。每个区域基本上都在同一个经度，同时能源输送距离比较近，这三大能源基地基本上能够最大程度保证区域内的能源需求，形成区域融合发展。

（二）区域独立发展特色

全球许多地方非常适宜分布式能源为基础，推动能源革命，特别是未来"智慧化"全面、深度发展，这二者结合将形成未来的另一种主要的经济与社会发展模式，充分实现小区域甚至家庭式的能源独立。以此为基础，结合"智慧化"的小型生产体系，构成区域化的产业与经济基础，实现太阳能革命时代下的"新型农耕社会"。这种未来前景在全球广大地区具有巨大的发展空间。

二、全球太阳能革命，三大能源基地特别说明

太阳能革命的全球化，将极大程度以全球三大能源基地为基础，构成全球能源互联体系的核心构架。这三大基地既提供全球能源的主要供应，同时实现24小时的能源互补，系统解决单独每个能源基地存在的固有局限——24小时的两个周期性的能源不平衡供应

问题：12小时间隔的白天与晚上的周期性、白天12小时中太阳辐射强度随时间周期性的变化。

未来全球能源体系将以这三大基地为主体，形成3万千米以上的全球互联体系，使全球瞬间实现能源互联，这个全球能源体系将是未来全球化的基础。

三、全球太阳能革命金融体系的共建

全球能源体系既能供应全球，也将是全球合作的结果。构建整个体系需要全球性的金融合作，解决巨大的资金需求，同时真正实现共有、共创、共享的全球合作根本精髓。

四、全球太阳能革命背景下，气候问题的共同解决机制

气候问题是当前人类迫在眉睫的巨大挑战。解决这个问题，需要全球共同合作，特别在太阳能革命的大前提下，更是需要建立一个太阳能革命背景下的气候问题全球合作机制，应对这个全球性的挑战。

太阳能革命条件下，可以采取最佳措施，非常好地解决这个问题。主要依靠两个要素：一是太阳能革命条件下实现的发电端0.05元一度电，充分提供大量的"廉价能源"；二是全面采取控制气候最有效的措施"碳捕捉技术"，基本可以实现10~20年最理想解决气候问题。

五、全球太阳能革命发展模式设计说明

全球太阳能革命的发展过程以及发展内容，应该与中国基本相似，但也有所不同。如下是我们设计全球太阳能革命发展模型的基本考虑，在此基础上，设计整个全球太阳能革命发展的大框架。

1. 全球太阳能革命的最终结果

全球范围内在四十年左右，可以普遍性地基本完成太阳能革命，解决人均能源获得4~12吨的标油当量。

2. 全球太阳能革命的发展阶段考虑

全球太阳能革命基本需要三个阶段的发展：第一阶段，2020~2030年系统解决太阳能革命大发展的过渡问题；第二阶段，2030~2050年实现太阳能革命的大发展，基本解决太阳能大规模供应的核心问题，全面完成太阳能革命的主体任务；第三阶段，2050~2060年或者往后延伸十年左右，基本全面完成太阳能革命的历史性任务。

3. 全球太阳能革命第一阶段发展速度的考虑

未来四十年的太阳能革命发展进程中，原则上欧洲在第一阶段的发展应该比较快一些，但整体比中国要慢10%~20%。美国在第一阶段发展也应该比较快，但比中国要慢20%~30%。其他国家与地区在第一阶段应该比欧洲和美国还要慢一些，但后期发展应该比较快。

为此，我们将中国在第一阶段的发展速度作为参照，来设计全

球在第一阶段的发展模式。取中国在2030年实现的指标的70%作为全球太阳能革命在2030年底实现的水平，即2030年底全球太阳能提供的人均能源量分别为：0.2吨标油当量和0.4吨标油当量。

我们认为上述两个情景，基本能够展现未来十年左右太阳能革命实际产生的结果。

4. 全球人口

后文关于全球太阳能革命2022~2060年的相关测算，均基于全球人口在2021年底为78亿的基础上年均增长0.7%的假设。

5. 其他

后文关于全球太阳能革命的测算口径，均包含中国。

第二节 全球太阳能革命宏观愿景

全球太阳能革命宏观愿景，是指未来在太阳能革命的背景下，全球的能源消费总量、人均能源消费量所能实现的水平。综合分析未来能源供给端和需求端的相关考虑（见本书下编第三章第三节的相关内容），以及当前全球能源形势和太阳能光伏产业发展现状等因素，我们对全球能源革命、太阳能革命的发展设置了三种愿景，即在2060年实现的人均能源消费水平分别为：4吨标油当量、8吨标油当量、12吨标油当量。

一、太阳能革命中国总体目标与任务

通过四十年的发展，全球基本完成太阳能革命，可以彻底解决能源可持续的根本问题，完成以太阳能为基础的能源体系，实现人均4~12吨标油当量的能源获得，实现一个基本完美与理想的太阳能未来。

同时，全球基本实现了理想的产业链体系，即"以四大能源基

地为依托"的工业产业一体化的超大型综合基地为主，"以各地域分布式能源基地为依托"的工业产业一体化的微小型生产基地为辅的全球产业链体系。

二、全球太阳能革命宏观愿景设计

受益于太阳能光照资源的普适性与无限性，我们认为未来在太阳能革命的背景下，大力发展太阳能，可以充分保证人类的广义能源使用量。

综合分析当前全球能源形势、全球太阳能光伏科技发展现状等各方面因素，针对未来约四十年（2022~2060年）的全球能源消费愿景，我们设置了如下三种可能发展情景（2021年全球人均能源消费量为1.77吨标油当量）。

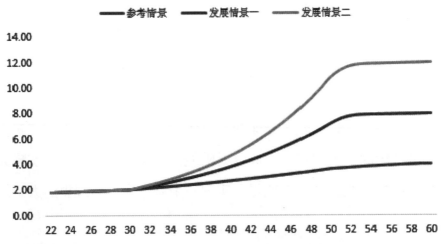

图67　2022~2060年全球太阳能革命宏观愿景（人均能源消费量口径）

参考情景：2030年全球人均消费2吨标油当量；2050年全球人均消费3.6吨标油当量；2060年人均消费4吨标油当量。

发展情景一：2030年全球人均消费2吨标油当量；2050全球年人均消费7.2吨标油当量；2060年全球人均消费8吨标油当量。

发展情景二：2030年全球人均消费2吨标油当量；2050年全球人均消费10.8吨标油当量；2060年全球人均消费12吨标油当量。

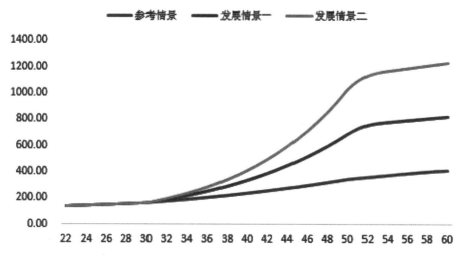

图68　2022~2060年全球太阳能革命宏观愿景（能源消费总量口径）

第三节　全球太阳能发展愿景展望

在第二节"全球太阳能革命宏观愿景"展望基础之上，即对未来四十年全球人均能源消费水平（能源消费总量）展望的基础之上，综合考虑全球能源发展趋势、全球太阳能光伏科技发展趋势等各方面因素，我们认为在2050年左右，太阳能在全球的能源结构中占比为70%左右。

同时，结合当前全球太阳能光伏产业的发展状况（截至2021年底，全球太阳能光伏装机容量为8.43亿千瓦，最近5年全球累计装机容量的年均复合增长率为23.35%），我们对未来四十年全球太阳能革命中太阳能的发展设置了三种情景模式：参考情景、快速发展情景一、快速发展情景二。并针对每个情景进行相关展望。

一、参考情景

（一）情景描述

在我们所设置的参考情景模式下，全球人均能源消费量在2030

年、2050年、2060年，分别实现2吨标油当量、3.6吨标油当量、4吨标油当量，其中太阳能提供的人均能源量分别为0.2吨标油当量、2.52吨标油当量、2.8吨标油当量。

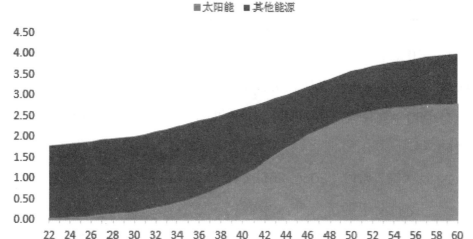

图69　参考情景下，2022~2060年全球能源结构（人均能源消费量口径）

（二）2022~2030年发展设计的说明

根据目前全球光伏发展现状及发展趋势考虑，以及未来太阳能革命的基本考虑，我们认为，在太阳能革命的大背景下，应当加大太阳能发展的力度。为此，在参考情景的发展模式下，我们设定到2030年全球太阳能光伏累计装机量达到50亿千瓦，可以为全球提供人均0.2吨标油当量的能源量。

（三）相关展望

1. 装机量展望

（1）第一阶段（2022~2030年）

在我们设定的参考情景发展模式下，第一阶段（2022~2030年），全球太阳能光伏将保持高速发展，年均复合增长率在21.9%左右。2030年底，全球累计光伏装机容量可以达到50亿千瓦，是当前2021年底全球累计光伏装机容量8.43亿千瓦的6倍左右。

2030年太阳能光伏将为全球提供的人均能源量约为0.2吨标油当量。

（2）第二阶段（2031~2050年）

在我们设定的参考情景发展模式下，第二阶段（2031-2050年），全球累计光伏装机容量的年均复合增长率约为14.28%，2050

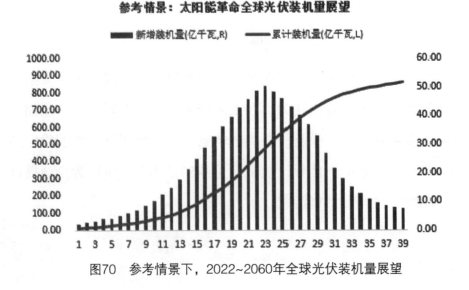

图70　参考情景下，2022~2060年全球光伏装机量展望

年底中国累计光伏装机容量将达到722亿千瓦，太阳能光伏将为全球提供的人均能源量约为2.52吨标油当量。其中：

2031~2040年，全球累计光伏装机容量的年均复合增长率约为19.13%。2040年底全球累计光伏装机容量约288亿千瓦，是当前2021年底全球累计光伏装机容量8.43亿千瓦的34倍左右。

2041~2050年，全球累计光伏装机容量的年均复合增长率约为9.62%。2050年底，全球累计光伏装机容量约722亿千瓦，是当前2021年底全球累计光伏装机容量8.43亿千瓦的85倍左右。

在该参考情景发展模式下，全球光伏年新增装机量于2044年达峰，约为50亿千瓦。

（3）第三阶段（2051~2060年）

在我们设定的参考情景发展模式下，第三阶段（2051~2060年），全球累计光伏装机容量的年均复合增长率约为1.76%。2060年底全球累计光伏装机容量860亿千瓦，是当前2021年底全球累计光伏装机容量8.43亿千瓦的102倍左右。

2060年底太阳能光伏将为全球提供的人均能源量约为2.8吨标油当量。

2. 光伏装机占地概况

下文关于光伏装机占地的相关测算，基于当前平均水平，即每平方千米的土地装机约0.1GW。

（1）第一阶段（2022~2030年）

在我们设定的参考情景发展模式下，第一阶段（2022~2030年）全球光伏发展保持高速增长。

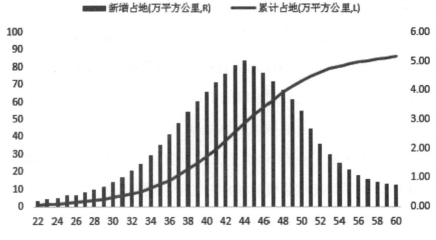

图71　参考情景下，2022~2060年全球光伏装机占地概况

到2030年底，全球光伏累计装机容量约50亿千瓦，累计占地约5万平方千米，约占全球陆地总面积的0.034%。

（2）第二阶段（2031~2050年）

在我们设定的参考情景发展模式下，第二阶段（2031~2050年）全球光伏发展保持高速增长。

到2040年底，全球光伏累计装机容量约288亿千瓦，累计占地约28.8万平方千米，约占全球陆地总面积的0.193%。

到2050年底，全球光伏累计装机容量将达到约722亿千瓦，累计占地约72.2万平方千米，约占全球陆地总面积的0.485%。

（3）第三阶段（2051~2060年）

在我们设定的参考情景发展模式下，第三阶段（2050~2060年）中国太阳能革命进入完善阶段。

到2060年底，中国光伏累计装机容量约860亿千瓦，累计占地约

86万平方千米，约占全球陆地总面积的0.577%。

3.　全球光伏硅料年度需求展望

2021年太阳能光伏电池的平均硅耗约为2.8g/W，根据光伏行业协会的相关预测以及我们在产业界的调研情况，预计未来光伏电池的平均硅耗量还有约30%的下降空间。此情景虽然是对中国光伏产业的发展评估，其结论对全球发展也具有参考意义。

鉴于此，我们对全球光伏电池的硅耗情况设定为：在2022-2030年光伏电池的平均硅耗量由2.8g/W逐步下降至2.0g/W，2030年之后光伏电池的平均硅耗量维持在2.0g/W。

在此基础上，我们对太阳能革命背景下，2022~2060年全球光伏硅料的年度需求进行展望。

（1）第一阶段（2022~2030年）

在我们设定的参考情景发展模式下，根据模型测算，第一阶段（2022~2030年），全球光伏硅料年度需求将保持高速增长。

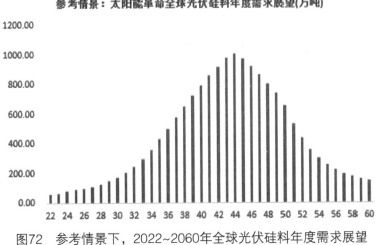

图72　参考情景下，2022~2060年全球光伏硅料年度需求展望

未来四十年
Vision of solar energy revolution
太阳能革命愿景

2022~2030年间，全球光伏硅料年度需求的年均复合增长率在18.3%左右。如此，2030年全球光伏硅料的年度需求在169万吨左右，是2022年底全球范围内将实现的硅料总产能（118.73万吨）的1.4倍左右。

（2）第二、第三阶段（2031~2060年）

在我们设定的参考情景发展模式下，根据模型测算：

全球光伏硅料年度需求在2031~2044年保持高速增长，年均复合增长率在13.5%左右，到2044年达到年度需求高峰，约为1000万吨左右，是2022年底全球范围内将实现的硅料总产能（118.73万吨）的8.4倍左右。

二、快速发展情景一

（一）情景描述

在我们所设置的快速发展情景一模式下，全球人均能源消费量在2030年、2050年、2060年，分别实现2吨标油当量、7.2吨标油当量、8吨标油当量，其中太阳能提供的人均能源量分别为0.4吨标油当量、5.04吨标油当量、5.6吨标油当量。

（二）2022~2030年发展设计的说明

根据目前全球光伏发展现状及发展趋势考虑，以及未来太阳能革命的基本考虑，我们认为，在太阳能革命的大背景下，应当加大太阳能发展的力度。为此，在参考情景的发展模式下，我们设定到

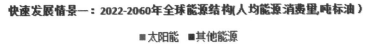

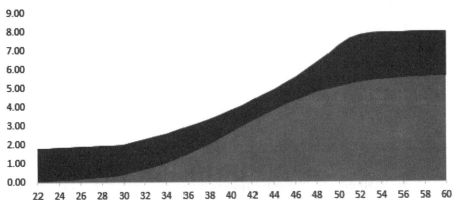

图73 快速发展情景一下，2022~2060年全球能源结构（人均能源消费量口径）

2030年全球太阳能光伏累计装机量达到100亿千瓦，可以为全球提供人均0.4吨标油当量的能源量。

（三）相关展望

1. 装机量展望

（1）第一阶段（2022~2030年）

在我们设定的快速发展情景一模式下，第一阶段（2022~2030年），全球太阳能光伏将保持高速发展，年均复合增长率在31%左右。2030年底，全球累计光伏装机容量可以达到100亿千瓦，是当前2021年底全球累计光伏装机容量8.43亿千瓦的11.86倍左右。

如此，在最理想的有效光照利用条件下，2030年太阳能光伏将为全球提供的人均能源量约为0.4吨标油当量。

（2）第二阶段（2031~2050年）

在我们设定的快速发展情景一模式下，第二阶段（2031~2050年），全球累计光伏装机容量的年均复合增长率约为14%，2050年底中国累计光伏装机容量将达到1443亿千瓦，太阳能光伏将为全球提供的人均能源量约为5.04吨标油当量。其中：

2031~2040年，全球累计光伏装机容量的年均复合增长率约为21.54%。2040年底，全球累计光伏装机容量约700亿千瓦，是当前2021年底全球累计光伏装机容量8.43亿千瓦的83倍左右。

2041~2050年，全球累计光伏装机容量的年均复合增长率约为7.48%。2050年底，全球累计光伏装机容量约1443亿千瓦，是当前2021年底全球累计光伏装机容量8.43亿千瓦的171倍左右。

在该参考情景发展模式下，全球光伏年新增装机量于2041年达

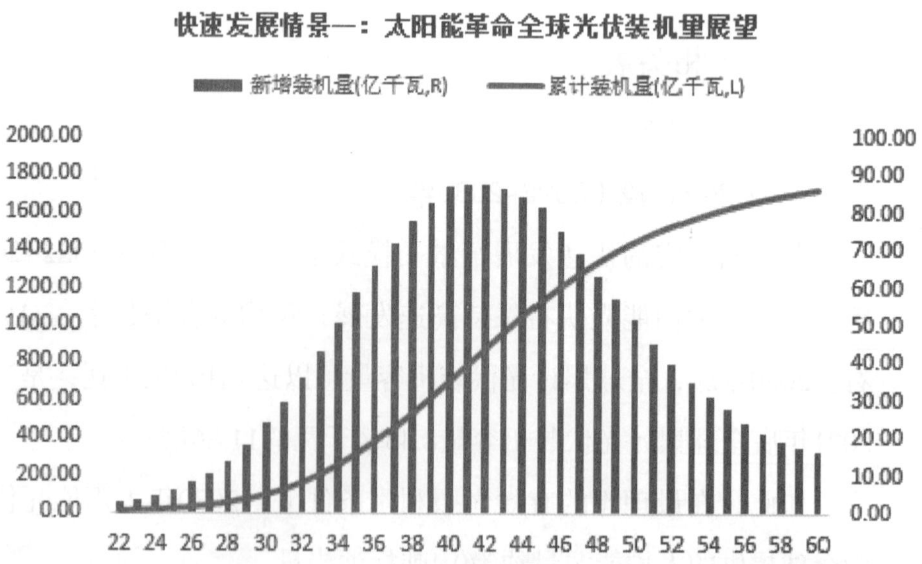

快速发展情景一：太阳能革命全球光伏装机量展望

图74　快速发展情景一下，2022~2060年全球光伏装机量展望

峰，约为88亿千瓦。

（3）第三阶段（2051~2060年）

在我们设定的快速发展情景一模式下，第三阶段（2051~2060年），全球累计光伏装机容量的年均复合增长率约为1.77%。2060年底，全球累计光伏装机容量1720亿千瓦，是当前2021年底全球累计光伏装机容量8.43亿千瓦的204倍左右。

2060年底太阳能光伏将为全球提供的人均能源量约为5.6吨标油当量。

2. 光伏装机占地概况

下文关于光伏装机占地的相关测算，基于当前平均水平，即每平方千米的土地装机约0.1GW。

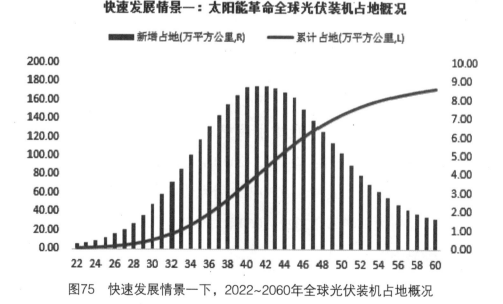

图75 快速发展情景一下，2022~2060年全球光伏装机占地概况

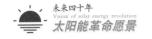
（1）第一阶段（2022~2030年）

在我们设定的快速发展情景一模式下，第一阶段（2022~2030年），全球光伏发展保持高速增长。

2030年底，全球光伏累计装机容量约100亿千瓦，累计占地约10万平方千米，约占全球陆地总面积的0.067%。

（2）第二阶段（2031~2050年）

在我们设定的快速发展情景一模式下，第二阶段（2031~2050年），全球光伏发展保持高速增长。

2040年底，全球光伏累计装机容量约700亿千瓦，累计占地约70万平方千米，约占全球陆地总面积的0.47%。

2050年底，全球光伏累计装机容量约1443亿千瓦，累计占地约144.3万平方千米，约占全球陆地总面积的0.968%。

（3）第三阶段（2051~2060年）

在我们设定的快速发展情景一模式下，第三阶段（2050~2060年），中国太阳能革命进入完善阶段。

到2060年底，全球光伏累计装机容量将达到约1720亿千瓦，累计占地约172万平方公里左右，约占全球陆地总面积的1.154%。

3. 全球光伏硅料年度需求展望

按参考情景的条件：在2022-2030年光伏电池的平均硅耗量由2.8g/W逐步下降至2.0g/W，2030年之后光伏电池的平均硅耗量维持在2.0g/W，对太阳能革命2022-2060年，全球光伏硅料的年度需求进行展望。

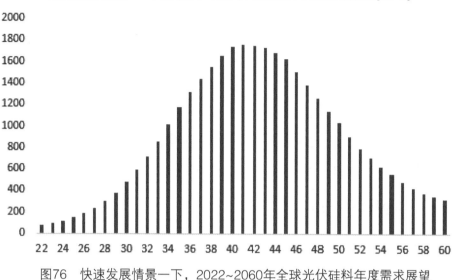

图76 快速发展情景一下，2022~2060年全球光伏硅料年度需求展望

（1）第一阶段（2022~2030年）

在我们设定的快速发展情景一模式下，根据模型测算，第一阶段（2022~2030年），全球光伏硅料年度需求将保持高速增长。

2022~2030年间，全球光伏硅料年度需求的年均复合增长率在32%左右。如此，2030年全球光伏硅料的年度需求在478万吨左右，是2022年底全球范围内将实现的硅料总产能（118.73万吨）的4倍左右。

（2）第二、第三阶段（2031~2060年）

在我们设定的快速发展情景一模式下，根据模型测算：

全球光伏硅料年度需求在2031~2041年保持高速增长，年均复合增长率在12.5%左右。2041年达到年度需求高峰，约为1753万吨，是2022年底全球范围内将实现的硅料总产能（118.73万吨）的14倍左右。

三、快速发展情景二

（一）情景描述

在我们所设置的快速发展情景二模式下，全球人均能源消费量在2030年、2050年、2060年，分别实现2吨标油当量、10.8吨标油当量、12吨标油当量，其中太阳能提供的人均能源量分别为0.4吨标油当量、7.56吨标油当量、8.4吨标油当量。

（二）2022~2030年发展设计的说明

根据目前全球光伏发展现状及发展趋势考虑，以及未来太阳能革命的基本考虑，我们认为，在太阳能革命的大背景下，应当加大太阳能发展的力度。为此，在参考情景的发展模式下，我们设定到

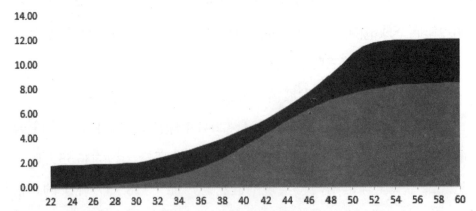

图77　快速发展情景二下，2022~2060年全球能源结构（人均能源消费量口径）

2030年全球太阳能光伏累计装机量达到100亿千瓦，可以为全球提供人均0.4吨标油当量的能源量。

（三）相关展望

1. 装机量展望

（1）第一阶段（2022~2030年）

在我们设定的快速发展情景二模式下，第一阶段（2022~2030年），全球太阳能光伏将保持高速发展，年均复合增长率在31%左右。2030年底全球累计光伏装机容量可以达到100亿千瓦，是当前2021年底，全球累计光伏装机容量8.43亿千瓦的11.86倍左右。

2030年太阳能光伏将为全球提供的人均能源量约为0.4吨标油当量。

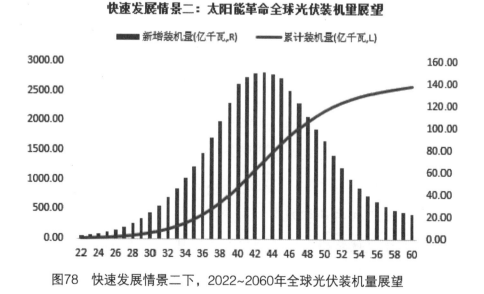

图78 快速发展情景二下，2022~2060年全球光伏装机量展望

（2）第二阶段（2031~2050年）

在我们设定的快速发展情景二模式下，第二阶段（2031~2050年），全球累计光伏装机容量的年均复合增长率约为16.64%，2050年底中国累计光伏装机容量将达到2165亿千瓦，太阳能光伏将为全球提供的人均能源量约为7.56吨标油当量。其中：

2031~2040年，全球累计光伏装机容量的年均复合增长率约为24.2%。2040年底，全球累计光伏装机容量约870亿千瓦，是当前2021年底全球累计光伏装机容量8.43亿千瓦的103倍左右。

2041~2050年，全球累计光伏装机容量的年均复合增长率约为9.54%。2050年底，全球累计光伏装机容量约2165亿千瓦，是当前2021年底全球累计光伏装机容量8.43亿千瓦的256倍左右。

在该参考情景发展模式下，全球光伏年新增装机量于2043年达峰，约为150亿千瓦。

（3）第三阶段（2051~2060年）

在我们设定的快速发展情景二模式下，第三阶段（2051~2060年），全球累计光伏装机容量的年均复合增长率约为1.77%。2060年底，全球累计光伏装机容量2580亿千瓦，是当前2021年底全球累计光伏装机容量8.43亿千瓦的306倍左右。

如此，在理想的有效光照利用条件下，2060年底，太阳能光伏将为全球提供的人均能源量约为8.4吨标油当量。

2. 光伏装机占地概况

下文关于光伏装机占地的相关测算，基于当前平均水平，即每平方公里的土地装机约0.1GW。

（1）第一阶段（2022~2030年）

在我们设定的快速发展情景二模式下，第一阶段（2022~2030年），全球光伏发展保持高速增长。

2030年底，全球光伏累计装机容量约100亿千瓦，累计占地约10万平方千米，约占全球陆地总面积的0.067%。

（2）第二阶段（2031~2050年）

在我们设定的快速发展情景二模式下，第二阶段（2031~2050年），全球光伏发展保持高速增长。

2040年底，全球光伏累计装机容量约870亿千瓦，累计占地约87万平方千米，约占全球陆地总面积的0.584%。

2050年底，全球光伏累计装机容量约2165亿千瓦，累计占地约216.5万平方千米，约占全球陆地总面积的1.453%。

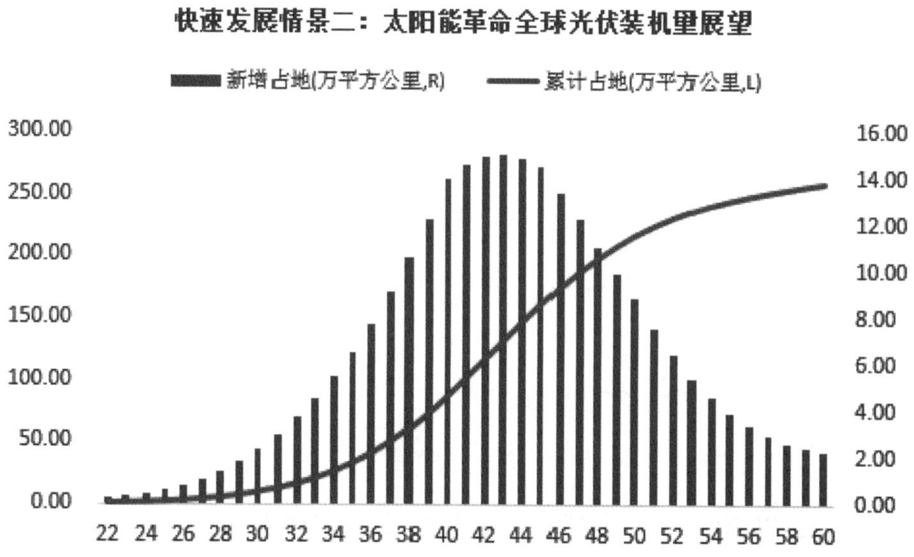

图79 快速发展情景二下，2022~2060年全球光伏装机占地概况

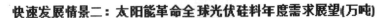

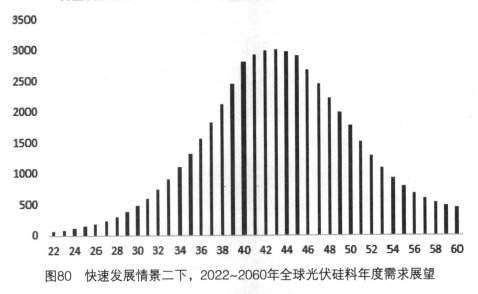

图80　快速发展情景二下，2022~2060年全球光伏硅料年度需求展望

（3）第三阶段（2051~2060年）

到2060年底，全球光伏累计装机容量将达到约2580亿千瓦，累计占地约258万平方公里左右，约占全球陆地总面积的1.732%。

3. 全球光伏硅料年度需求展望

按参考情景的条件：在2022-2030年光伏电池的平均硅耗量由2.8g/W逐步下降至2.0g/W，2030年之后光伏电池的平均硅耗量维持在2.0g/W，对太阳能革命2022-2060年，全球光伏硅料的年度需求进行展望。

（1）第一阶段（2022~2030年）

在我们设定的快速发展情景二模式下，根据模型测算，第一阶段（2022~2030年），全球光伏硅料年度需求将保持高速增长。

2022~2030年间，全球光伏硅料年度需求的年均复合增长率在

32%左右。如此，2030年全球光伏硅料的年度需求在478万吨左右，是2022年底全球范围内将实现的硅料总产能（118.73万吨）的4倍左右。

（2）第二、第三阶段（2031~2060年）

在我们设定的快速发展情景二模式下，根据模型测算：

全球光伏硅料年度需求在2031~2043年保持高速增长，年均复合增长率在15.18%左右。2043年达到年度需求高峰，约为3000万吨，是2022年底全球范围内将实现的硅料总产能（118.73万吨）的25倍左右。

展望太阳能时代

——太阳能革命、太阳能时代、太阳能文明

展望太阳能未来

结语是对本书综合性的结论，以及对"太阳能未来"的展望，主要有如下六项内容。

一个大未来：太阳能未来。

五个大革命：能源革命；经济革命；社会革命；绿色革命；全球化革命。

八大趋势：电动中国、电动世界；均衡发展、均衡世界；高度全球化；健康快乐新追求；广义思想劳动；高度智慧化；新型绿色旅游；绿色化未来。

三大创新性革命：智慧创新革命；生物创新革命；星际文明创新革命。

一个导向：绿色导向。

"太阳能未来"的象征："太阳元"。

展望一　太阳能时代的三个要义

太阳能时代是一个大历史，是太阳能革命的必然结局。这个未来时代有如下三个要义。

一、太阳能时代是人类太阳能文明发展的最高阶段

地球文明本质是太阳能文明的最核心的自然特性，人类过去所经历的各个发展阶段，都不同程度的最终表现为太阳能性质的发展历史——狩猎文明为动物能源时代，农耕文明为植物能源时代，现代文明为化石能源时代，未来文明是太阳能时代。

动物能源、植物能源、化石能源都直接或间接归于太阳能，主要差异在于获得太阳能的总量与获得效率。太阳能革命创造了未来太阳能获得总量与效率都是目前物理学意义上的最高水平，从这个意义上讲，太阳能时代是地球太阳能文明发展的最高阶段。

二、太阳能未来的构成关系

太阳能未来主要由三个部分组成：太阳能革命、太阳能时代、太阳能文明。

太阳能革命是整个太阳能时代的基础，提供人类的能源需要量，是人类发展的核心基础和内在推动机制。太阳能革命大约在未来5~10年正式开启，主要标志是能源发展的增量中，太阳能成为主体，超过其他能源的增长量，这个过程应该在未来5~10年就将实。目前，高油价、高资源价以及俄乌局势是太阳能革命的外在推动，其内在推动是过去50年人类不断发展的能源革命，直接推动是太阳能价格全面突破传统能源价格，并且实现远远低于传统能源价格的成就——这是太阳能革命最为核心的推动力，这是一种自然的、内在的市场化推动力。

太阳能时代是太阳能革命的自然结局，是与太阳能革命相适应的产业革命、经济革命、社会革命的总和。如果采取类似于煤炭时代、石油时代、化石能源时代的方式考虑，以这个时代主导能源为基础划分，人类在太阳能革命10~15年后，将正式进入太阳能时代。此时，太阳能将超过整个能源总量的30%左右。经过20~30年，人类将进入太阳能为绝对主体的能源时代，太阳能时代基本完成主体建设，成为一个基本成熟的时代。

太阳能文明是在太阳能革命、太阳能时代的基础上发展的一个更加完美的太阳能未来。除了能源、经济、社会发展要素外，整个

人类精神与物质、发展与制度形成一个高度一致的文明世界、文明
未来。这个过程需要以百年计数来考虑。

三、太阳能时代具有"终极性"的未来意义

这个"终极性"仍然需要边界，大致有两点特殊内容：

一是人类太阳能发展能够取得的最高阶段。就目前的物理学意
义上讲，人类利用太阳能的能力与水平，已经是人类在现有物理学
的意义上能够取得的最高成就。

二是人类在光伏革命为代表的太阳能未来中，能够取得最理想
的结果——前提条件是人类数量必须是有限数量、有限增长，因为
地球是不可能承载无限的人口数量增长的，即使有再多财富，再多
的能源、资源，都无法承担巨量的人口。

特殊内容还涉及影响人类发展的其他要素，如后面将特别讲到
的四个创新性革命，就不完全是太阳能文明意义的发展。这种革命
是人类发展的自然延续，它将与太阳能革命合为一体，成为创造人
类未来的重大机制与发展内容。

"终极性"与未来大致有三点内容相关联：

第一，人类通过太阳能革命可以充分实现最大意义的全球普
适性能源独立、能源自由，实现全球人类人均6~12吨标油的使用
量——这个能源使用量几乎能够解决人类任何需求。

第二，人类在最理想的能源革命条件下，可以创造几乎"无
穷"的财富，满足人类建设一个全面理想的社会。

第三，太阳能利用达到最高水平，光转换成电的效率达到20%左右，是狩猎时代太阳能转换率万分之几效率的千倍左右，远是农耕时代太阳能转换率5‰效率的百倍左右，是化石能源时代太阳能转换率的10倍至几十倍左右，能源使用总量也是10倍至几十倍左右。

展望二　太阳能时代的五项革命

在太阳能时代，人类将迎来五项革命：能源革命、经济革命、社会革命、绿色革命、全球化革命。

一、能源革命

能源革命主要由太阳能革命构成，太阳能占未来能源总量的90%以上。能源革命主要由如下四个要素组成。

（一）能源使用量

未来全球人均能源使用量将达到6~12吨标油，总量600~1200亿标油当量的太阳能。

（二）能源主要构成

能源主要构成有光电、光热两种形式。其中光电占70%~90%，光热主要取决于最终成本能否降到可以匹配光伏。从目前看，光热

应有较大发展。传统化石能源可以实现一个平稳过渡。

（三）能源获得方式与能源使用方式

太阳能获得主要有集中式与分布式两种方式，电是未来的主导能源形式。

（四）能源国际化

未来能源体系极大程度是一个国际化的体系，主要由世界三大能源基地（中国西部能源基地，美国西南部能源基地，中东、北非能源基地）提供，50%以上的能源都将可能由这三大能源基地提供，要充分发挥这些区域的光热资源优势与土地优势。

三大能源基地属于同一纬度，基本能够实现24小时的周期性能源互补。

二、经济革命

经济革命是能源革命的后继结果，这个经济革命有两个含义：

第一，经济革命是能源大革命大的直接结果，人类在未来的能源大革命中取得了天量的能源，其总量大约是现在全球总量的10-30倍，人均量是现在的3-5倍。按照能源与经济的基本关系，经济增长总量是现在的15-50倍，人均是现在的5-8倍。就这个意义讲，未来能源大革命的直接结果就是经济革命。

第二，经济革命的第二层含义是整个经济体系结构、内容都发生根本的改变，未来能源体系是以太阳能为主体的能源供应，其相应的经济体系需要有一个根本性的大变革。

经济革命主要涉及五个要素：产业革命、GDP革命、金融革命、模式革命、全球化革命。

（一）产业革命

未来的能源供应方式主要以电为主体，是电的革命。过去的产业体系主要以煤炭、石油、天然气为主体，主要以热能作为能源使用的最基础形式，蒸汽机、发动机主要转化能源的动力方式，并以此构建产业体系的基本结构与内容。未来主要是以电为主，所有产业基本都以电的能源形式为基础，构架产业体系。该体系是对现有体系极大程度的改变，是一个根本性的产业革命。

此外，未来的经济规模将远远超过以化石能源为基础构建的现代文明产业体系，不单是对现有产业量的扩展，更加重要的是，新的产业体系、产业内容革命性的增加与发展，这是构成产业革命的第二个要素。

（二）GDP革命

人类在能源革命、太阳能革命的大背景下，经济总量发生质的改变，其总量有一个大革命性的跃变。按照能源与经济的基本规律，能源增长0.6-0.7倍，经济增长1倍左右。大约最终人均GDP增长在5-8倍，全球经济总量增长在15-50倍。这个增长大致在未来40年基本完成，主要增长在未来10-20年实现。人类面临一个大历史性质

的GDP增长，从而根本性的改变世界。

这个增长具有全球普适性和均衡性，主要是人类第一次具有全球性的能源获得独立与自由基本能力，从而根本性地解决过去化石能源时代创造经济增长的最大约束：能源供应的有限性与能源分布的不均衡性。

（三）金融革命

金融革命是经济革命的最重要要素，主要包括两方面内容：一是投资革命，二是机制革命。

从投资意义上讲，未来整个金融革命最终通过固定资产体系的革命性改变来实现，广义上讲，未来整个资产体系都需要以太阳能革命为基础进行全面重构。按基本经济规律固定资产总量与经济总量的基本关系，固定资产与经济总量大约是3~4倍的关系。以此为基础，测算全球固定资产总量相当于目前GDP的50~200倍，大约为1000万亿~4000万亿美金。其中中国大约是200万亿~800万亿美金，相当于1400万亿~6000万亿人民币。

上述投资规模是未来四十年的最终结果，这是一个不可想象的天量结果，就此而言，这是一个史无前例的投资革命。

按经济规律讲，每一个固定资产周期平均为16年。大约未来40~50年相当于三个固定资产周期。从经济学意义上讲，完成一次产业革命，大约需要40~50年，相当于三个固定资产周期。平均而言，每个固定资产周期代表一次系统性的技术革命、产业革命的发展过程，一个产业成熟需要3次左右的系统性产业迭代过程。

　　未来的投资革命涉及深度的全球化、深度的行业剧变、巨大的经济增长，在产业的发展与组织、全球合作方面需要深度的改变。这个改变需要相应的金融机制剧变，其中最要害的是形成全球一致性的货币体系与投资模式的改变与革命。其中以能量定标，特别是以太阳能定标的全球货币体系，将是未来金融体系全球化的核心。人类走向以能量、太阳能这种全球一致认同的客观物理规律、物理标准为基准的全球货币体系的革命是全球未来经济、金融一体化的基础，并以此定量GDP、货币体系。

　　以物理学为基础发展的物理经济学将是未来经济学体系的重要内容，并以此发展经济学，更加精准确定广义GDP即绿色GDP以及绿色货币体系。

　　特别说明：按物理经济学进行GDP、固定资产测算，经济与能源的关系比大约是1∶0.6~0.7；GDP与固定资产的理论关系比是1∶4，实际是1∶3~4，一些国家低于1∶3~4的关系，主要是固定资产在全球化布局造成的。

（四）模式革命

模式革命主要表现为如下三个结构。

1. 产业结构革命

未来这种超大规模的经济体系主要由两个产业模式构成：一个是超大规模的产业体系，作为各个国家和全球经济供应的主要体系；二是区域性独立运行的分布式产业体系，未来能源体系的一个重要部分是分布式能源，是区域或者家庭的主要能源提供者，在未

来智慧化全面发展的条件下，分布式智慧生产体系将成为区域经济的主要内容，分布式生产与消费模式在未来将占据重要地位。

2. 全球化经济与产业体系革命

未来的能源主体将由全球四大能源基地：中国、中东、美国、澳大利亚为基础构成。全球大的产业体系将以此为基础构建，从理论上讲，以此为基础构建的基础产业体系将占全球基础产业的50%左右，甚至更高。这个体系必须是高度全球化的产业体系，而且是超级大的产业体系，应该是我们现在看见的超大企业的50~100倍。这是未来全球化的重大经济基础与结构。

3. 碳中和的特别经济模式

未来全球经济大革命需要深度考虑气候问题、碳中和发展。未来的产业体系中，碳问题解决将是一个重要发展模式。目前以碳、化石能源为基础的产业体系将面临深度挑战，未来四十年，碳税将是经济模式调整与革命的重要内容。碳税在未来的国际贸易体系中将起重要作用，在此问题上，欧洲国家可能是主要推动者。

如果深度考虑碳中和与气候问题，碳税有可能达到使用化石能源创造价值的2~3倍（这应该是理论结果）。实际上，按国际能源署的预测，碳税最终将高达1300元人民币左右。

特别说明：化石能源使用过程得到的能量大约是化石能源本身能量的1/3~1/2，如果将化石能源产生的二氧化碳逆变，回到对环境不受影响的绿化产品状态上去，需要的能量是其3~4倍，也就是说挽回二氧化碳的负面影响，需要的投资是产生二氧化碳的能源使用价值的2~4倍。

（五）全球经济革命

在全球能源全面解决的条件下，全球经济革命将不可避免，主要体现在两方面。

一是全球普适性的经济增长，特别是过去经济落后的发展中国家，以及待发展中国家将具备高速增长的基本条件。主要是他们普遍解决了能源独立、能源自由的基本问题，在解决资本这个基本条件后，可以超高速增长，成为未来全球资本的新热点。

二是中国、欧洲、美国将成为这次经济革命的主要领头羊。中国具备推动全球能源合作的最佳条件，在建设横贯欧亚大陆以及东半球与西半球的全球能源共同体中，成为这个共同体的主体力量。此外，中国在太阳能革命的全球事业中，掌握太阳能革命发展的产业优势，具备全面发展太阳能经济体系的基本能力，从而创造未来经济的大增长。

欧洲具备发展太阳能革命的最大内在动力，同时具有与世界最好的光热资源中东与北非天然的地缘优势，未来中东与北非的光热资源将会与欧洲发展紧密联系到一起，成为欧洲经济起飞的原动力。

美国具有全球最大的光热基地，美国西南部等州有世界最好的光热资源，可以成为全球最大的光热基地。同时美国其他国土也具备全面发展分布式能源的基本条件，美国在太阳能在未来全面展开新的经济革命上具备天然条件，美国全面走入太阳能时代是必然结果。

中国、欧洲、美国极有可能是这次太阳能革命并进入太阳能时代的主导力量，成为未来世界经济革命的中坚。

三、社会革命

能源革命将直接推动经济革命，同时推动社会革命，主要表现
为如下四个方面。

（一）劳动方式的革命

在能源充分保障的条件下，智慧化革命将获得极大的推动，并
成为主要劳动方式。在基础产业方面，全面智能化、智慧化将成为
主导性劳动方式。此外，在第三产业方面，智能化、智慧化也将成
为重要内容。人类劳动方式的革命是太阳能时代的基本内容。

人类劳动将在广义的思想产业方面得到体现，并且成为重要内容。

（二）消费方式的革命

未来，人类第一次享有拥有无穷财富的能力，同时创造两个重
大革命：智慧革命、交通革命——未来全球极有可能创造连贯全球
的高铁体系，并且速度达到500~800千米/小时。

上述条件下，人类的消费方式将有革命性的进展，消费与生活、
消费与工作紧密结合，新的绿色旅游经济将成为重要的消费方式——
广义的绿色旅游既是生活，也是工作。人类第一次广泛进入广义旅游
方式中去，在各个国家、各个地区实现旅游、居住、生活、工作。

人类将第一次在最佳的生活状态、最好的外部环境中实现生活
与工作的紧密结合，成为主要消费方式与生活方式。

（三）生活方式的革命

能源全面的独立与自由、财富充分涌现、劳动方式革命性的改变、智慧革命的全面发展、高速交通体系的革命性发展，这五个要素将导致生活方式的大革命。传统劳动不再是第一要素，财富不再是传统的生活焦点，更加有意义的生活方式将成为基本内容，健康、快乐、绿色（广义绿色）将成为新的时尚与主要内容。

（四）社会革命的全球化

在全球普适性的实现能源革命、能源独立、能源自由的大背景下，经济革命将席卷全球，同时社会革命也将席卷全球，人类将第一次面临全球性的经济革命的基本成就，全球将第一次实现普适性、均衡性的经济成就，这种结果将使社会革命，成为全球性的发展与结果。

四、绿色革命

（一）绿色土地革命

土地是人类之母，是人类生存之本。土地历来是人类文明发展的根本大事，即使在太阳能时代，土地还是根本。

土地有两个核心问题，一是总量，二是质量。地球上整个陆地面积占地球总面积的29%左右，其中能够直接、间接利用的不到50%。不能利用部分主要是三类地区，荒漠、冻土地带、高原。在

太阳能时代，这三类地区都具有特殊优势和作用，特别是传统的荒漠地区，普遍具有天然的光热优势，可以建设为能源基地。此外，这些地区在太阳能革命的条件下可以全面改造，成为新的绿色国土。主要通过第三代太阳能技术体系，综合利用太阳能产生的三种能量形式——电、热、光，对传统的不能利用的土地进行分类改造，使过去长期认为的不毛之地成为绿色粮仓、绿色林地、绿色草原、绿色可居住地。主要是如下两种形式的绿色改造。

1. 荒漠绿色改造

荒漠地区大约占整个地球陆地面积的10%以上，普遍具有良好的光热资源，全球荒漠地区的10%~30%都可能开发为太阳能基地。剩下部分可以全面绿色改造，大部分都可以成为未来全球新的处女地，主要采取海水淡化方式获得天量的淡水，充分满足荒漠改造的主要条件——水问题的根本解决。

在太阳能革命成功条件下，电价可以实现0.05元度电条件，海水淡化可以实现0.5元/吨左右的淡水价格，初步测算，在中国改造西部，需要的淡水主要解决海水淡化与水传输两个问题，初步测算，可实现2元左右的平均价格，以此可实现中国西部改造。

在太阳能未来中，大约需要人均增加1吨标油的能源使用量就可以解决中国西部主要地区的深度、全面的绿色改造——基本可以再造半个或者半个以上的现有可居住面积的国土——如果如此，中国可以根本性建设国家安全与长治久安的大局面。

对全球而言，世界主要荒漠地区改造成本大大低于中国，那些荒漠地区都位于低海拔，大都靠近沿海地区。全球荒漠化绿色改造将会是太阳能时代的重要发展内容，在20~30年时间内都将取得战略性突破，并且成为全球的绿色新大陆、新边疆。

荒漠化革命性改造将是中东、北非、澳大利亚、美国再次战略崛起的重要要素，特别是中东、北非国家的荒漠改造将是这个地区根本性战略崛起的最重要因素——根本性获得可居住的土地，可能使有效利用的国土面积普遍性大幅度增加，中东、北非就此将成为新的世界重要发展中心。

澳大利亚、美国将增加有效可耕土地30%~50%左右，如果考虑其特殊的光热效应，其粮食增加效应应该超过或者相当于原有的国土效应。如果再考虑农业设施改造，其土地效应将有倍增效果。

仅此荒漠的太阳能革命条件下的绿色改造，在土地、粮食方面都有一个全球性的革命结果。如果考虑科技、设施农业的作用，整个改造的农业效益应该达到现有农业总体效益的30%~50%的成就。这无疑是一个划时代的农业革命、绿色革命。

此外，大规模海水淡化为核心的绿色荒漠改造还有一个附加结果——全面解决目前太阳能革命的重要发展瓶颈问题：锂资源的匮乏问题。如果全球荒漠化全面改造，可以同时提供现有的锂使用量的2~3倍，将基本全面解决锂资源问题。

就此而言，荒漠化绿色改造是太阳能革命的重要组成部分，是人类新未来最具前景的内容。

2. 冻土地带改造

冻土地带占地球陆地面积的20%左右，其中20%~50%都可以进行不同程度的改造，主要通过光热技术。光转换为热最高可以达到

90%，目前中国农村普遍采用的塑料大棚是最简单的模式，大致可以达到60%~70%的光热转换效率。如果采取比较高端的农业技术设施，光热转换效率可以提高到80%~90%。

目前冻土地的改造主要是积温不够，采用光热技术对30%~50%的土地都可以不同程度地进行阳光农业、阳光大棚的方式发展，冻土地带利用光热技术实现较大程度的农业发展以及阳光居住的改造，可以极大程度实现土地的绿色利用。

（二）绿色气候革命

气候问题是目前人类最急需解决的问题之一，气候问题解决的关键是两个要素：一是大气中的二氧化碳存量的降低；二是二氧化碳排放增量的降低乃至不排放或负增长。两个问题都可以在太阳能革命的大背景下全面解决。

大幅度降低大气中二氧化碳的存量是太阳能革命成功的条件下系统解决气候问题的重大措施。初步测算，如果在每年大约花费不超过0.5吨标油的能源，对空气中二氧化碳大量的捕捉，大约十年就可以极大程度地实现气候问题的理想控制。

此外，太阳能革命如果全面推动，大约10年后，传统能源较大程度降低，传统的二氧化碳排放源将受到空前的减小。

再就是，全球化的荒漠绿色改造，以及其它的土地绿色发展将较大程度地解决大气中二氧化碳的存量。

上述三个发展将在10-20年或者20-30年基本实现气候问题的解决，其中规模化解决大气中二氧化碳的捕捉是可以根据需要，推动全球合作，实现气候问题的特别解决措施。主要是加大二氧化碳捕获的力度，实现人类需要的气候问题的理想解决。

气候问题是太阳能革命中的一个分支问题，只要太阳能获得充分应用，并且价格非常理想，气候问题就是10~20年不超过三十年的短期问题。

（三）绿色生活方式

绿色生活是太阳能时代最基本的特性，人类与大自然全面和谐是人类存在的根本。绿色发展永远是人类发展的主要原则，不管人类在人均6吨、8吨，甚至是10吨标油的条件下实现未来，最核心的都必须贯彻节约的原则，以及极大程度控制人口的总量，遵守人与自然不能突破的边界。

包括我们发展与生活的各个方面，绿色发展是一个大原则，是人类社会发展的基本导向。

五、全球化革命

（一）能源全球化革命

能源全球化革命是未来人类面临的全球化的首要问题，存在三个核心问题需要解决。

1. 主要能源基地的全球化建设问题

未来全球有四大能源基地：中东与北非能源基地、中国西部能源基地、美国西南部能源基地、澳大利亚能源基地。四个能

源基地需要实现三个国际化：使用国际化、建设国际化、投资国际化。

使用国际化，主要有两个要素：一是每个基地的能源都不可能只供单一国家使用，每个基地获得的能源都足够满足半个世界甚至全球的使用；二是太阳能获得的周期性特点，需要全球性能源的互补，形成稳定的能源供应。在这个问题上，中东北非能源基地、中国能源基地、美国能源基地基本上具有24小时时差，完全可以形成一个全球稳定的能源供应体系。这三个能源基地将是未来全球能源供应的主要体系。太阳能时代能源的全球合作、全球一体化不可避免，将是未来全球太阳能时代、太阳能未来的根本基础，也是未来全球一体化的根本基础。

澳大利亚能源基地将是一个特殊的世界性能源基地，主要是一优一缺。光热资源最优，面积足够大，完全具备成为供应时间能源需求的光热资源；同时，澳大利亚的地理位置又决定其重大局限性，其很难与全球主要经济区域直接结合。最佳方式，澳大利亚能源基地将是世界能源深加工产业的重要发展区与基础。

2. 全球能源基地的投资合作问题

全球能源基地发展涉及三个重大投资：一是能源基地本身；二是围绕能源基地能源利用的大型产业集群，主要是基础产业——未来基础产业将主要以超级大型模式存在，最大程度提高能源的使用效果，如广义氢产业（包括以氢为核心的化工等）、冶炼产业等；三是四个能源基地的联网，以及与全球各个国家的互联。上述三大建设都需要天量的投资，以及涉及各个国家的利益与合作，全球性的共同建设、共同投资是必然的，也是最佳的。

3.　全球化能源体系的机制问题

全球能源体系是一个高度国际化的共同体，涉及三个基本问题：一是全球能源获得的特殊管理问题；二是全球能源使用的特殊管理问题；三是全球能源体系的最佳综合管理问题。三个问题是全球能源体系最佳运行的基本保证，需要一个全球性质的共同合作机制建设。

（二）经济体系全球化革命

太阳能时代，能源体系的全球化革命必然导致全球经济体系的全球化革命，主要在三个问题上充分体现。

1.　基础产业的全球化革命问题

基础产业围绕全球主要能源基地进行布局建设，这是必然结果。这个产业体系将是任何其他方式建设的产业体系无法竞争的，也是整个全球经济发展的最基础的产业体系。建设这个产业体系需要一个全球化的高度合作为基础来实现。

2.　全球经济的高度互联

未来的经济发展、消费方式、生活方式高度全球共同发展，特别是在共创、共享、共有方面实现高度的全球化。此外，智慧化的高度发展、全球的超级高铁系统、新型的全球绿色旅游等将极大程度打破现有传统意义的国家、地区的界限，使全球经济高度融合。

太阳能时代，经济的高度全球化的革命不可避免，从而构架一

个联系更加紧密的全球世界势在必行。

3. 全球经济体系的发展机制

未来全球经济一体化不可避免，建立一个理想的全球经济体系，需要解决两个关键问题。

第一，全球货币体系的一体化问题。目前的全球货币体系将不适应未来世界，主要是两个问题：一是没有全球共同认同的标准；二是还没有建立全球货币体系一体化的动力机制。

全球共同认同的标准将是未来全球货币体系一体化的根本基础，需要解决两个问题：标准的科学性、标准的共同认同。未来全球货币体系一定是以最客观的物理学基础——能量、太阳能定标实现的全球太阳元，这既是科学的，也是大家可以一致认同的。

这个全球货币体系应该在10~20年逐步获得大家的认同，并最终建立起来，应该不会超过20~30年。"太阳元"货币体系将成为全球一致认同的货币体系。

第二，全球经济体系共同协调机制。未来全球经济一体化发展是世界全球化的重心。这个全球化需要一个更加紧密、和谐、有效的共同机制来协调。

（三）绿色全球化革命

太阳能时代，绿色全球化是最重大的课题，主要是三个问题的解决：一是气候问题的解决；二是全球荒漠化、冻土地带的绿色化发展问题的解决；三是其他全球绿色问题的系统解决。这三个绿色化是绿色全球化的核心问题，需要全球一致合作来解决。

解决这三个问题，一是需要全球共同意愿的统一，二是需要集中全球的智慧与能力，三是需要全球性质的资金组织。在此基础上，构架绿色化革命的未来。这个未来应该在未来30~50年极大程度实现，50~100年全面实现。

展望三　太阳能时代八大趋势

太阳能未来是一个全新的未来，我们将经历一个换代的大革命，创造一个全新的大时代、大历史。这个未来有一个与我们现在的世界完全不同的内容，主要体现在八大发展趋势上。

趋势一：电动中国、电动世界

过去的世界中，我们的所有能源最基础的表现形式是热，所有的热主要来自化石能源。通过热得到电，通过热得到其他的动力，进而推动整个世界的运转。

未来我们几乎所有的能源、能量都以电的形式获得与使用，我们未来的整个世界是靠电来推动——我们的交通体系是电动的交通体系，我们的工业体系靠电来维持与转换，所有的行业都将以电为中心来运作与架构。

电动中国、电动世界将是未来世界的第一大发展趋势，也是未来最根本的基础和发展内容。

趋势二：均衡发展、均衡世界

过去的世界是一个非均衡发展的世界格局，全球发展主要依靠化石能源来实现。化石能源具有两个重要特点：一是有限性；二是分布的不均衡性。

化石能源有限性决定了整个世界获得的财富总量极为有限，这个有限性是最终导致全球财富分配不均衡、发展不均衡的最基本原因。

化石能源分布的不均衡性极大程度决定了当今世界发展与财富创造与拥有的不均衡性。

上述不均衡性是导致整个世界各种问题的重要原因。未来全球都具备获得能源独立、能源自由的基本条件，这种能源独立、能源自由甚至可以在家庭、小区域都普遍获得，这种能源独立与能源自由的普适性将创造全球普适性的财富获得。

从理论上讲，每个人使用0.1亩地获取太阳能，就能得到目前发达国家人均4吨标油的能源消费量，创造大约4万美金左右的产值。如果必要，人类在未来非常可能实现人均8~12吨能源消费量，从而创造一个财富充分涌现的未来。

此外，未来一定是一个智能化、智慧化的世界，区域化的小型智慧生产体系将成为人类的重要生产方式。这种生产方式与普适性的能源独立与能源自由结合，将使未来世界的财富均衡性、发展均衡性最大程度实现。

趋势三：高度全球化的未来

　　未来世界有四个最基础的全球化：能源获得体系的全球化、交通体系的全球化、经济体系的全球化、货币体系的全球化。这四个全球化是未来整个世界发展的根本基础，将促使整个世界高度融合、高速发展，创造一个更好的未来。

　　未来能源获得体系的全球化是人类社会的最基本要求，全球几乎所有的能源体系都将实现全球性质的互联，实现最佳的能源融合、互补的体系，其中中国西部、中东北非、美国南部三大能源基地将提供世界主要的能源供应。这三个能源体系具有24小时互补的能源非均衡性的周期性供应特性，三大体系的全球联网可以实现最佳的能源供应机制，这个全球化体系是未来全球化的第一基础。

　　这个能源全球体系非常可能由超导能源传输体系来承担，未来的全球能源体系可能是一个2万~5万公里的超导体系组成。与此同时，非常可能全球建设一个磁悬浮的高速铁路体系，将世界连为一个整体。这个体系完全可能极大程度地代替现有的飞机体系，成为未来世界新的连接体系、新的交通体系。

　　未来世界经济体系极大程度是一个世界化的生产与消费体系，其中依赖世界大能源基地产生的基础产业体系是最佳发展模式，将与能源基地一体化发展。这种模式将是世界经济一体化的重要基础。

　　未来的货币体系极有可能是一个以太阳能定标的"太阳元"金融体系。这是一个全球更加高度一体化的金融体系，使世界联系得更加紧密。

此外，其他的全球化元素也将促使世界成为一个整体。

世界高度融合、高度和谐的一体化将是未来世界发展的基本内容和基础。

趋势四：健康快乐新追求

健康、快乐一直是人类的梦想，过去，实现健康、快乐有可能性，又存在相当大的不确定性。

财富获得没有充分解决，人类在没有充分解决从必然王国走向自然王国的基本能力前，很难全面实现健康、快乐。未来人类既解决了财富充分拥有，也解决了社会生产力的高度发展，健康、快乐将是人类最基本、也是最大的追求。

创造健康、快乐将是人类未来最大的两个产业，也是未来人类最大的两个发展与就业领域。

趋势五：广义思想劳动的未来

未来人类在能源充分供应、全面智慧化发展的前提下，人类劳动将极大程度从体力劳动、直接劳动转化为新的劳动形式，人类的广义思想劳动将成为主体。人类劳动更多体现在思想、智慧、文化的创造与发展的内容上，这种劳动可以归结为广义思想劳动，并成为人类主要劳动形式。

趋势六：高度智慧化的世界

智能化将全面转化为智慧化，这个过程将在未来20~30年充分实现。在能源充分供应的条件下，人类全面、高度智慧将在各个方面都得到实现。高度智慧化的世界将是未来世界的主要特色与主要发展趋势。

趋势七：新型绿色旅游

太阳能时代的四个要素：能源独立与能源自由、高度智慧化的科技能力、财富充分涌现的富裕能力、更加现代化的交通能力将促使人类生活方式发生巨大的改变，将形成人类新的生活方式，出现新型绿色旅游。

未来新型绿色旅游主要有五个要素：一是旅游要素，世界有无穷无尽的可以旅游的地方与内容；二是高端绿色居住要素，世界可以提供多种形式、多种文化的高端绿色居住地；三是天然的未来农村高端绿色庄园，可以为人类提供享受不同形式的绿色生活；四是全面、灵活的交通体系、交通工具，可以使人类选择多种形式的交通方式；五是高度智慧化的工作方式与工作能力，使距离间隔不成为工作障碍，高度智慧化的工作方式成为主流。这五个要素与能力将推进人类生活方式发生巨变——工作与生活、旅游与居住成为一体，并且成为人类未来的主要工作与生活方式。

新型绿色旅游经济将成为人类未来最大的经济内容与重要生活方式。

趋势八：绿色化未来

太阳能时代，实现最大程度的绿色化是基本追求，主要有三个内容。

内容一：全球陆地面积充分的绿色化

在太阳能未来中，人类可以充分解决能源获得问题，相当部分能源可以用于实现绿色化，主要解决大量的荒漠化土地，可以预测全球50%以上的荒漠化土地都可以全面绿化，主要依靠大量的海水淡化来实现。

此外，高纬度的寒冷地区也可以极大程度通过光热技术来实现绿化。

这两个地区的绿化将建设人类的另一个新大陆。

内容二：气候问题的解决

在太阳能革命成功的条件下，大量的廉价能源将是气候问题解决的新路径。如果愿意，人类可以在未来10~20年基本解决气候问题，主要通过大气中的碳捕获方式，全面降低大气中的二氧化碳浓度，自如地控制气候变化。

此外，大量的二氧化碳可以成为一种特殊资源进行储存，作为人类未来长期利用的重要资源，以此解决化工、农业问题。

内容三：人类生活方式的绿色化

未来人类仍需要深度贯彻节约、环保的生活理念。人类需要在充分富裕的条件下，坚持节约、环保的绿色生活方式。

展望四　太阳能时代三大创新性革命

人类在太阳能时代发展中，将激发一系列创新性革命，推动人类跃变。这些创新性革命不完全属于太阳能革命、太阳能时代的范畴，而是人类不断进步的自然结果。这种创新性革命可能在化石能源时代的条件下实现，也可能在聚变能源时代的条件下完成，是人类不断进步的自然历程。这些创新性革命有四个重要内容，可能与太阳能时代重合，成为太阳能未来的特殊内容，形成未来的新世界。

一、智慧创新革命

智慧革命是IT产业、信息革命、智能化的更进一步集成、深入、创新和继续，是未来一定会发生的产业革命。按大多数专家的意见，这种智慧革命将会在未来20~30年达到巅峰状态。

智慧革命将深刻改变人类的生产方式、生活方式，在能源充分供应的条件下，智慧革命+太阳能革命将极大程度使人从体力劳动中彻底解放，人类劳动方式、生活方式将全面与智慧革命接轨，形成深度、全面的智慧劳动方式、智慧生活方式。

智慧革命是人类发展的一个必然过程，主要是人类IT革命、智能化革命的深入发展，一定意义上是脱离人类能源获得方式与使用方式的，这种革命是一种创新性的发展内容。但是在太阳能革命的未来中，他具有更加重大的意义，主要是太阳能未来中，能源独立、能源自由具有全球性意义，几乎无限制的能源使用量的获得，使智慧革命具有全面、深入的全球意义，以及智慧革命可以按自身的发展能力，全面发展、全面展开，使智慧革命最大程度的发展与运用。由此，智慧革命在太阳能未来中，既是能够得到最大程度的发挥，同时也能使太阳能未来有一个更为优秀的特色与发展内容，使太阳能未来更加完美。

二、生物创新革命

生物科学与技术发展是人类不断进步的过程，但出现革命性的进程与结果，还需要人类的努力。主要是两个未来：一是生命科学与技术的革命性进展，深度解决人的健康以及生命延续的突破性、革命性问题；二是深度解决农业发展、粮食生产的突破性、革命性结果，真正实现农业发展、粮食生产的工厂化。

从科学意义上讲，生物科学还没有达到对传统工业所涉及的科技基础的深度了解。在大部分传统产业中，几乎涉及的所有问题都能从分子、原子、电子等微观层次上进行科学解析。生物科学还没

有达到从分子、原子、电子这个微观层次进行定性、定量的深度认识，更没有从分子、原子、电子这个微观层次进行系统性的建设与发展。

生物科学涉及的问题太复杂，人类远远没有认识够，深度的科学认识还需要一个历史过程。这个历史过程到底多长、多久，还是一个待确定的问题。只有这个问题彻底解决，人类的生物革命才可能真正进行下去，并得到实现。就此而言，生物革命能够在未来什么时候实现，还是一个未知数。但是生物革命一定会在未来得到实现，并成为人类发展的一个新内容，从而极大程度改变人类社会的走向。其中生物革命在农业方面的发展与突破，在太阳能时代将发挥特别作用。主要是大量的能源与生物革命的结合，将革命性地改变粮食的生产与增长。

生物革命是人类长期以来科学、技术发展的自然延续。如果取得成功，在一定意义上也不完全与太阳能革命紧密相关，应是人类发展的自然延续过程。

三、星际文明创新革命

创造星际文明一直是人类的梦想，从阿波罗登月算起，人类已经在太空事业上取得长足进步，人类目前面临着星际文明真正有可能实现的巨大前景。

星际文明需要解决三个大问题：一是发射能力创造性发展；二是找到或创造类似于人类文明生存的外部环境；三是解决星际文明

存在需要的大量能源。

目前，在发射能力创造性发展方面，人类取得重大进步。按马斯克的设想，未来的星际运行系统的发射成本可以降低99%左右，他目前采用的发射舱回收利用，只是降低成本的一部分。

此外，目前的太阳能革命发展成果，以及未来太阳能技术全面发展，可以解决星际文明中人类生存需要的三个关键能源：电、热、光。这三种能源是发展星际文明的基础。此外，人类有可能在聚变方面取得成功，从另一个渠道解决能源问题。人类解决了电、热、光三种能源形式后，完全可以在太空中，以及其它的星球中，创造适于人类生存的星际发展基地。这个未来是完全可以实现的。

星际文明是一种创新性的文明，是人类长期发展的延续，完全可能在太阳能时代得到实现。

展望五　绿色导向——走向绿色未来

人与自然和谐是人类生存的最基本原则，在太阳能文明的未来中，人类更加需要与自然界高度和谐的基本存在形式，这就是广义的绿色发展。

广义的绿色发展最重要的内容就是绿色太阳能发展，这是未来整个社会最基础的绿色发展——永远可持续的能量获得与使用，并且彻底解决化石能源存在的各种副作用。此外，广义绿色发展还需要深刻把握如下三个要素。

一、最大程度实现地表的绿色革命

人类生存的最基本基础就是绿色的土地，绿色土地带来了人类生存的最基本自然要素。能够绿色化的土地占整个地球的一半多一点。地球上大量土地是由荒漠、冻土等无法绿色植物生存，在太阳能未来中，可以最大程度通过各种太阳能利用技术，进行土地绿色化的改造，主要提供两个功能：一是淡水；二是热能，主要是解决荒漠化土地的缺水问题、冻土地带的积温不够的问题。太阳能革命是能够解决淡水与热能两个关键问题，未来土地绿色革命将是太阳能未来的最重大问题，也是中国未来发展的重大战略问题。良好解决这个问题，将是中国未来战略腾飞的重大战略措施与美好未来。

地表的绿色革命问题也包括现有的土地更加山清水秀，实现更加深度的绿色发展。通过太阳能革命，我们还可以在现有的土地实现更好的绿色利用。

二、深度解决气候问题

目前，气候问题已经成为最大的环境问题，以及最大的绿色发展问题，深度、全面解决气候问题是当前全球的共识，以及最大的发展问题。解决气候问题应该有多种路径，其中深度利用太阳能革命非常可能是解决气候问题的最佳方案。主要采取碳捕获的方式来解决二氧化碳的存量与增量问题，这需要大规模发展碳捕获技术与产业，碳捕获核心在于耗费能源。如果依靠碳捕获实现气候问题的控制，大约需要人均0.5~1吨标油的能量，相当于人均需要占地0.01~0.03亩的太阳能电场，坚持10~20年左右，一定有气候问题的突破性解决的结果。上述条件，在太阳能未来中可以比较容易实现。

三、深刻解决人与自然和谐发展的机制

人与自然和谐发展是人类生存的永远原则与基础，未来太阳能时代也是如此。除了传统的人与自然和谐发展的机制外，需要特别强调

的还是人口数量与资源的和谐。在太阳能未来中，尽管人类可以实现财富充分涌现，但是这个财富还是有限的，无法承受人口数量不受限制的扩大。相应的人口发展机制仍是未来可持续发展的核心内容。

太阳能时代的象征："太阳元"

太阳能时代需要有一个标志与象征，这个标志最大可能性就是**"太阳元"**——在太阳能时代，人类实现能源发展的全球性高度融合、经济全球性的高度融合、社会发展的全球性高度融合、绿色建设的全球性高度融合，这是未来的大趋势。这个趋势最核心的标志是全球化的金融一体化、货币一体化。这个全球化的最基本、最核心的统一性就是具有代表意义的全球货币。这个货币一定是以能量、太阳能为定标的"太阳元"。

"太阳元"既是未来的全球可接受的统一货币单元，也是太阳能时代的象征、现实、实用、需要的功能产物，同时也是全球未来最核心意义的绿色、实际、客观、可行的标志。

"太阳元"最基础定量将来自世界未来三大能源基地：中东与北非太阳能基地、中国西部太阳能基地、美国西南部太阳能基地的能源输出价格的统一标准。以此锚定

全球的能源交易标准，进而推动全球经济体系的定标。

"太阳元"既是未来世界的金融量化基础，也是未来的经济量化基础，世界可以以"太阳元"实现量化认识与结合。

"太阳元"将是太阳能时代的标志与象征，迎接"太阳元"的世界就是迎接太阳能未来。

后记

本书历经近两年，几易其稿，最后完成。

提出太阳能革命是一个巨大挑战，涉及思想和实践两个层面的内容。整个撰写工作除了作者艰苦努力之外，也得到非常多专家和朋友的支持。

陈立泉院士一贯主张电动中国、电动世界是未来，对此提出了非常难得的意见；姜克隽一直以来都是气候问题、碳中和的坚持人，并且对碳中和可能的发展趋势以及西部绿色发展问题都有新的预测；高辉清先生对中国、世界发展的宏观预测对我们的帮助非常重要；唐元司长对中国能源革命的认识和政策建议对我们非常有帮助；拱桥、王昕朋局长提供了很多宝贵意见；西南财大封希德书记、赵德武书记对我们的工作提供了重要帮助。其他一批专家对能源革命、太阳能革命都提出很有见地的看法和意见，其中北京工业大学杜春旭老师、北京理工大学的郑宏飞教授都提出很有见地的专业意见。此外，一大批专家都提出

很多宝贵意见，就不一一表达谢意了。

本书吸收了能源界，特别是光伏界同仁的意见，对此，特别感谢。

在完成工作中，黄其刚、崔维顺、唐龙、李兆清、宁福星承担了大量工作，其中宁福星在预测工作中承担了主要模型设计与测算工作。工作团队中大量其他人员都做出贡献。

在本书出版过程中，责任编辑胡子清做了非常大的努力；特约编辑吴晓桐付出巨大劳动，作为出版界的资深编审，对本书的立意、结构、审读发挥了重要作用；助理编辑王真也做了不少很有意义的工作。

对经济日报出版社的出版帮助表示真诚感谢，特别对经济日报出版社社长韩文高的支持表示衷心感谢。

本书完成，有赖于上述各位朋友的帮助，非常感谢。

刘汉元、刘建生

2022年9月2日

参考文献

一、能源方面

1. 21世纪中国能源、环境与石油工业发展，贾文瑞等，石油工业出版社，2002年版。

2. 中国统计年鉴2021，中国统计出版社，2021年版。

3. 中国能源统计年鉴2020，中国统计出版社，2021年版。

4. 中国电力统计年鉴2021，中国电力企业联合会，中国统计出版社，2021年版。

5. 中国矿业年鉴2016~2017，《中国矿业年鉴》编辑部，地震出版社，2017年版。

6. 中国核能年鉴2020，中国核能行业协会，原子能出版社，2020年版。

7. 中国水力发电年鉴2020，中国水力发电工程学会，中国电力出版社，2020年版。

8. 世界矿产资源年评2016，国土资源部信息中心，地质出版社，2016年版。

9. 中国能源发展报告2021，林伯强等，科学出版社，2021年版。

10. 中国电力行业年度发展报告2021，中国电力企业联合会，中国建材工业出版社，2021年版。

11. bp世界能源统计年鉴2021，2021年版。

12. world Energy Outlook 2021，IEA，2021年版。

13. Renewable Capacity Statistics 2022，Irena，2022年版。

14. Renewable Power Generation Costs In 2021，Irena，2022年版。

15. Hydropower Status Report Sector trends and insights 2022，iha，2022年版。

16. 中国能源体系碳中和路线图，IEA，2021年版。

17. 全球能源行业2050净零排放路线图，IEA，2021年版。

18. 2060年世界与中国能源展望（2021版），中国石油经济技术研究院，2021年版。

19. 全球能源分析与展望2021，国网能源研究院，中国电力出版社，2021年版。

20. 国际可再生能源现状与展望，中国国家发展和改革委员会，中国环境科学出版社，2007年版。

21. 壳牌能源远景：中国能源体系2060碳中和报告，壳牌中国，2021年版。

22. 能源革命与产业发展：新能源产业与新兴产业发展政策研究，曹新、陈剑、张宪昌，人民出版社，2020年版。

23. 能源历史回顾与21世纪展望，Amos Salvador，石油工业出版社，2007年版。

24. 中国能源展望2030，中国能源研究会，经济管理出版社，2016年版。

25. 面向新未来：后化石能源时代，刘建生，经济日报出版社，2005年版。

26. 能源革命：改变21世纪，刘汉元、刘建生，中国言实出版社，2010年版。

27. 未来五十年：绿色革命与绿色时代，成思危、刘建生等，中国言实出版社，2015年版。

28. 重构大格局——能源革命：中国引领世界，刘汉元、刘建生，中国言实出版社，2017年版。

29. 2050年中国能源和碳排放报告，2050中国能源和碳排放研究课题组，科学出版社，2009年版。

30. 中国能源和碳排放情景暨能源转型与低碳发展路线图，戴彦德、康艳兵、熊小平等，中国环境出版社，2017年版。

31. 全球能源转型背景下的中国能源革命，国务院发展研究中心，中国发展出版社，2019年版。

32. 中国2050低排放发展战略研究：模型方法及应用，中国能源模型论坛·中国2050低排放发展战略研究项目组，中国环境出版集团，2021年版。

33. 中国2050年低碳发展之路，国家发改委能源研究所课题组，科学出版社，2009年版。

34. 能源技术展望——面向2050的情景与战略，国际能源署，清华大学出版社，2009年版。

35. 21世纪中国能源科技发展展望，王大中，清华大学出版社，2007年版。

36. 煤炭液化技术，舒歌平，煤炭工业出版社，2003年版。

37. 能源资本论，殷雄、谭建生，中信出版集团，2019年版。

38. 能源传，理查德·罗兹，人民日报出版社，2020年版。

39. 能源重塑世界，丹尼尔·耶金，石油工业出版社，2012年版。

40. 能源和能源计量器具与能源单位，中国太阳能行业辞典发布，2008年。

41. 最终消费能源消耗核算研究：基于经济高质量发展视角，柴士改，社会科学文献出版社，2020年版。

42. 新能源概论，王革华，化学工业出版社，2006年。

43. 新能源发电技术，王长贵、崔容强、周篁，中国电力出版社，2003年版。

44. 新能源材料，雷永泉，天津大学出版社，2000年版。

45. 中国光伏产业发展路线图2021，中国光伏行业协会，2021年版。

46. 中国太阳能热发电行业蓝皮书2021，国家太阳能光热产业技术创新战略联盟，2021年版。

47. 太阳能电池基础与应用，熊绍珍、朱美芳，科学出版社，2009年版。

48. 太阳能光伏发电实用技术，王长贵、王斯成，化学工业出版社，2010年版。

49. 太阳能光伏发电应用原理，黄汉云，化学工业出版社，2016年版。

50. 第三代光伏2002年年度报告，新南威尔士大学第三代光伏特别研究中心发布，2003年。

51. 太阳能光伏发电技术，沈辉、曾祖勤，化学工业出版社，2003年版。

52. 世界光电子专业权威杂志国际光子，2009年。

53. 光伏进展：研究与应用，17卷第5期。

54. 德国太阳能光伏产业发展经验，CNPN太阳能观察杂志，2009年。

55. 太阳炼金术：透视全球太阳光电产业，台北财讯出版社，2006年版。

56. 日本太阳能光伏行业发展启示录，OFweek光电新闻网，2009年。

57. 日本启动光伏产业新政，中国能源信息网，2009年。

58. 美国能源新政带来"光伏新机遇"，大众证券报，2009年。

59. 风力发电仍存软肋，世界风力发电网信息中心发布，2009年。

60. 风能技术可持续发展综述，贺德馨，电力设备，2008年。

61. 21世纪水力发电工程科学技术发展战略研讨会论文集，中国电力出版社，1999年版。

62. 浅谈我国生物质能源的发展，云南省林业科学院，新西部，2009年。

63. 全球兴起核电热 铀供应备受关注，周云忠，世界有色金属，2011年第2期。

64. 我国核电工业及铀资源供应对策，陈元初等，中国矿业，第20卷第1期。

65. 中国新能源汽车动力电池产业发展报告2020，中国汽车技术研究中心，社会科学文献出版社，2020年版。

66. 钠离子电池科学与技术，胡勇胜、陆雅翔、陈立泉，科学出版社，2020年版。

67. 储能技术及应用，中国化工学会储能工程专业委员会，化学工业出版社，2018年版。

68. 大规模锂电池储能系统设计分析，施莱姆·桑塔那戈帕兰等，机械工业出版社，2021年版。

69. 电池储能电站设计实用技术，国网湖南省电力有限公司电力科学研究院等，中国电力出版社，2020年版。

70. 大规模储能技术，李建林、惠东、靳文涛等，机械工业出版社，2016年版。

71. 电力系统分析，韩祯祥，浙江大学出版社，2015年版。

72. 燃料电池系统解析，安德鲁·L.迪克斯，机械工业出版社，2021年版。

73. 碳中和与碳捕集利用封存技术进展，李阳，中国石化出版社，2021年版。

74. 中国碳排放权交易实务，孟早明、葛兴安，化石工业出版社，2021年版。

75. 低温余热发电有机朗肯循环技术，王华、王辉涛，科学出版社，2010年版。

76. 中低温槽式聚光太阳能热发电系统关键技术，顾煜炯，科学出版社，2020年版。

77. 超超临界燃煤发电技术，张晓鲁、杨仲明、王建录等，中国电力出版社，2014年版。

78. 特高压交直流电网，刘振亚，中国电力出版社，2013年版。

79. 全球能源互联网，刘振亚，中国电力出版社，2017年版。

80. 超级电容器：建模、特性及应用，约翰·M.米勒，2018年版。

81. 超导物理，张裕恒，中国科学技术大学出版社，2019年版。

82. 海水淡化技术与工程，高从堦、阮国岭，化学工业出版社，2016年版。

83. 太阳能海水淡化原理与技术，郑宏飞，化学工业出版社，2013年版。

84. 低温余热驱动多效蒸馏与脱盐技术，比将·拉希米、蔡慧中，化学工业出版社，2018年版。

85. 中国中长期能源战略，周大地，中国计划出版社，1999年版。

86. 中国矿情第一卷·总论·能源矿产，朱训，科学出版社，2002年版。

87. lnternational Annua1 2020, Energy Information Administration, 2020。

88. The US Coal Industry in the Nineteenth Century, Sean Patrick Adams, UniversityofFlorida, 2005。

89. The Longman Handbook of Modem British History 1714—1980, C Cook and J.Stevenson, Longman, 1983。

90. 近代早期英国经济增长与煤的使用，俞金尧，科学文化评论，第三卷，第四期，2006年。

91. AnnuaI CoaI Report2006，Energy Information Administration，2006。

92. 奖赏：一部追求石油、金钱和权力的史诗，丹尼尔·耶金，美国西蒙·舒斯特出版公司，1991年版。

93. David G. Victor and Linda Tueb：The New Energy Order，FOREIGN AFFAIRS. Volume89No.1，2010。

94. 国际能源合作法律机制研究，岳树梅，重庆出版社，2010年版。

95. 全球公共问题与国际合作：一种制度的分析，苏长河，上海人民出版社，2000年版。

96. 能源法与可持续发展，〔澳〕艾德里安·J·布拉德布鲁克、〔美〕理查德·L·奥汀格主编，曹明德等译，法律出版社，2005年版。

97. Michael Laver，Political Solutions to the Collective Action Problem，Political Studies，June 1980。

98. 现行国际经济秩序的重构与中国的责任，徐崇利，国际经济法学刊，2010年版。

99. 中华人民共和国节约能源法。

二、人口、资源、环境、气候、农业、粮食方面

1. 人口原理，马尔萨斯，商务印书馆，1996年版。

2. 人口浪潮：人口变迁如何塑造现代世界，保罗·莫兰，中信出版社，2019年版。

3. 世界人口地理，张善余，华东师范大学出版社，2002年版。

4. 人口社会学，佟新，北京大学出版社，2003年版。

5. 人口绿皮书：2001年中国人口问题报告，蔡昉，社会科学文献出版社，2002年版。

6．持续的挑战：21世纪中国人口形势、问题与对策，李建民，科学出版社，2000年版。

7．增长的极限，丹尼斯·米民斯，吉林人民出版社，1999年版。

8．谁能供得起中国所需的粮食，R.布朗，科学技术文献出版社，1998年版。

9．人满为患，R.布朗，科学技术文献出版社，1998年版。

10．B模式——拯救地球延续文明，R.布朗，东方出版社，2003年版。

11．后工业社会的来临，丹民尔·贝尔，新华出版社，1997年版。

12．中国土地资源，李元，中国大地出版社，2002年版。

13．中国可持续发展水资源战略研究第二卷、第五卷、第九卷，钱正英、张光斗，中国水利水电出版社，2001年版。

14．21世纪初中国农业发展战略，刘江，中国农业出版社，2002年版。

15．中外著名专家论中国农业，左天觉，中国农业大学出版社，1998年版。

16．自然地理学，刘南威，科学出版社，2002年版。

17．地理学导论，Arthur Getis等，电子工业出版社，2019年版。

18．普通地质学，吴泰然，北京大学出版社，2003年版。

19．石油地质学，张厚福，石油工业出版社，1999年版。

20．煤矿地质学，杨孟达，煤炭工业出版社，2000年版。

21．油气成藏机理与分布规律，金之钧，石油工业出版社，2003年版。

22．世界石油地质，李国玉，石油工业出版社，2003年版。

23．高温岩体地热开发导论，赵阳升，科学出版社，2004年版。

24．为石油而战，江红，东方出版社，2002年版。

25．中国石油安全，吴磊，中国社会科学出版社，2003年版。

26．繁荣地走向衰退，奥德姆，中信出版社，2002年版。

27．生态经济系统能值分析，蓝盛芳，化学工业出版社，2001年版。

28．全球变化与陆地生态系统碳循环和碳蓄积，于贵瑞，气象出版社，2003年版。

29．环境变迁，黄春长，科学出版社，2000年版。

30．温室效应及其控制对策，郑楚光，中国电力出版社，2001年版。

31．大气物理学，盛裴轩等，北京大学出版社，2006年版。

32．高空大气物理学，赵九章等，北京大学出版社，2014年版。

33．2052：未来四十年的中国与世界，乔根·兰德斯，译林出版社，2013年版。

34．中国碳排放尽早达峰，中国尽早实现二氧化碳排放峰值的实施路径研究课题组，中国经济出版社，2017年版。

35．气候变化经济学，潘家华，中国社会科学出版社，2018年版。

36．气候变化经济学，王灿、蔡闻佳，清华大学出版社，2020年版。

37．气象学与气候学，姜世中，科学出版社，2020年版。

38．气候变化与中国农业：粮食生产、经济影响及未来预测，陈帅，中国社会科学出版社，2020年版。

39．论全球气候治理，邹骥等，中国计划出版社，2016年版。

40．气候变化问题安全化的国际趋势及中国外交对策研究，董勤，中国社会科学出版社，2018年版。

41．基于气候变化视角的林业碳汇研究，王艳芳，中国水利水电出版社，2018年版。

42．气候变化影响下的流域水循环，徐宗学、刘浏、刘兆飞，科学出版社，2015年版。

43．气候变化背景下中国农业气候资源演变趋势，郭建平，气象出版社，2010年版。

44．气候变化与社会适应：基于内蒙古草原牧区的研究，王晓毅、张倩、荀丽丽等，社会科学文献出版社，2014年版。

45．气候变化与粮食安全，傅雪柳、朱定真、唐健，中国农业科学技术出版社，2015年版。

46．应对气候变化的低碳政策研究，李金珊、何易楠、胡凤乔，浙江大学出版社，2015年版。

47．地球上最重要的化学反应——光合作用，沈允钢，清华大学出版社，2002年版。

48．植物生理学，武维华，科学出版社，2003年版。

49．植物生理学，潘瑞炽，高等教育出版社，2003年版。

50．高等地球化学，中国科学院地球化学研究所编，科学出版社，1998年版。

51．农业总论，胡跃高，中国农业大学出版社，2000年版。

52．农业自然资源，黄文秀，科学出版社，2001年版。

53．农业概论，翟虎渠，高等教育出版社，1999年版。

54．农业资源态势分析与优化配置，鲁奇、任国柱，科学出版社，2002年版。

55．作物产量形成的生理学基础，娄成后，中国农业出版社，2001年版。

56．农业生态学，陈阜，中国农业大学出版社，2002年版。

57．农作学，王立祥、李军，科学出版社，2003年版。

58．海洋生态学，沈国英、施并章，科学出版社，2002年版。

59．海洋生态学，李冠国，高等教育出版社，2004年版。

60．现代实用无土栽培技术，刘士哲，中国农业出版社，2002年版。

61．藻类系统学，刘涛，海洋出版社，2017年版。

62．藻胆蛋白的功能研究与应用，Vinod K.Kannaujiya等，华中科技大学出版社，2021年版。

63．中国淡水藻类——系统、分类及生态，胡鸿钧、魏印心，科学出版社，2020年版。

64．生态学基础，奥德姆，高等教育出版社，2009年版。

65．现代植物生理学，李合生，高等教育出版社，2002年版。

66．中国居民膳食营养素参考摄入量，中国营养学会，中国轻工业出版社，2007年版。

三、其他方面

1．政策研究与决策咨询（2005），魏礼群，中国言实出版社，2005年版。

2．王梦奎选集，山西经济出版社，1998年版。

3．马凯集，黑龙江教育出版社，1991年版。

4．国情研究第一号报告：生存与发展——中国长期发展问题研究，中国科学院国情分析研究小组，科学出版社，1989年版。

5．中国可持续发展战略报告，中国科学院可持续发展研究组，科学出版社，2003年版。

6．改变中国：中国的十个"五年计划"，姚开建，中国经济出版社，2003年版。

7．经济思想史，斯坦利·L·布鲁，机械工业出版社，2003年版。

8．宏观经济学，保罗·萨缪尔森等，华夏出版社，1999年版。

9．微观经济学，保罗·萨缪马森等，华夏出版社，1999年版。

10．宏观经济学：转轨的中国经济，李晓西，首都经贸大学出版社，2000年版。

11．国富论，亚当·斯密，陕西人民出版社，1999年版。

12．就业、利息和货币通论，凯恩斯，商务印书馆，1999年版。

13．城市经济学，阿瑟·奥沙利文，中信出版社，2003年版。

14．美国农业新经济，刘志扬，青岛出版社，2003年版。

15．剑桥欧洲经济史（共八卷），彼得·马赛厄斯，经济科学出版社，2004年版。

16．剑桥美国经济史，斯坦利·L.恩格尔曼、罗伯特·E.高尔曼，中国人民大学出版社，2019年版。

17．美国经济史，乔纳森·休斯、路易斯·凯恩，格致出版社、上海人民出版社，2020年版。

18．世界经济千年史，安格斯·麦迪森，北京大学出版社，2003年版。

19．2007年世界发展指标，世界银行，中国财政经济出版社，2005年版。

20．通货膨胀理论，赫尔穆特·弗里奇，商务印书馆，1992年版。

21．增长经济学，方齐云等，湖北人民出版社，2002年版。

22．美国货币史，米尔顿·弗里德曼，北京大学出版社，2009年版。

23．大萧条，本·S·伯南克，东北财经大学出版社，2009年版。

24、新经济学原理——论人类社会的能量特性，刘建生，经济日报出版社，2008年版。

25．物理经济学原理——论人类社会的能量特性，刘建生，四川大学出版社，2019年版。

26．全球通史，斯塔夫里阿诺斯，北京大学出版社，2021年版。

27．世界文明史，菲利普·李·拉尔夫等，商务印书馆，1999年版。

28．历史研究，阿诺·汤因比，上海人民出版社，1999年版。

29．中国通史，白寿彝，上海人民出版社，2000年版。

30．国史大纲，钱穆，商务印书馆，2001年版。

31．伟大的中国革命，费正清，世界知识出版社，2001年版。

32．中国哲学简史，冯友兰，北京大学出版社，2000年版。

33．世界宗教概览，斯潘塞·J·帕默，中央民族大学出版社，2001年版。

34．当代中东，陈建民，北京大学出版社，2001年版。

35．现代新儒学研究丛书，周弘，社会科学文献出版社，2002年版。

36．奥斯曼帝国，黄维民，三秦出版社，2003年版。

37．领导者，尼克松，世界知识出版社，1998年版。

38．第三条道路，安东尼·吉登斯，北京大学出版社，2000年版。

39．文明的冲突与世界秩序的重建，塞缪尔·亨廷顿，新华出版社，1999年版。

40．韩国政治转型研究，郭定平，中国社会科学出版社，2000年版。

41．剑桥中华民国史，费正清，中国社会科学出版社，1994年版。

42. 世界科学技术通史，詹姆斯·E·麦克莱伦第三、哈罗德·多恩，上海科技教育出版社，2020年版。

43. 改变21世纪的科学与技术，美国总统科学技术政策办公室，科学技术文献出版社，2001年版。

44. 物理学史，郭奕玲，清华大学出版社，2002年版。

45. 统计物理学，朗道，人民教育出版社，1979年版。

46. 理论力学，金尚年等，高等教育出版社，2003年版。

47. 内燃机学，周龙保，机械工业出版社，2003年版。

48. 固体物理学，黄昆，北京大学出版社，2014年版。

49. 晶格动力学理论，玻恩、黄昆，北京大学出版社，2019年版。

50. 工程热力学，朱明善、刘颖、林兆庄、彭晓峰，清华大学出版社，2021年版。

51. 工程流体力学，赵立新、杨敬源，化学工业出版社，2020年版。

52. 统计热力学，梁希侠、班士良，科学出版社，2021年版。

53. 无机化学，宋天佑、徐家宁、程功臻、王莉等，高等教育出版社，2021年版。

54. 电工学，秦曾煌、姜三勇，高等教育出版社，2009年版。